高职高专农林牧渔类工学结合系列教材

植物生长环境

黄凌云　主　编

ZHEJIANG UNIVERSITY PRESS
浙江大学出版社

图书在版编目（CIP）数据

植物生长环境 / 黄凌云主编. —杭州:浙江大学
出版社,2012.9(2021.8 重印)
ISBN 978-7-308-10448-7

Ⅰ.①植… Ⅱ.①黄… Ⅲ.①植物生长－环境生态学
－高等职业教育－教材 Ⅳ.①Q945.3

中国版本图书馆 CIP 数据核字（2012）第 197437 号

植物生长环境

黄凌云　主　编

责任编辑	秦　瑕	
封面设计	春天书装	
出版发行	浙江大学出版社	
	（杭州市天目山路 148 号　邮政编码 310007）	
	（网址:http://www.zjupress.com）	
排　　版	杭州青翔图文设计有限公司	
印　　刷	浙江新华数码印务有限公司	
开　　本	787mm×1092mm　1/16	
印　　张	11.5	
字　　数	280 千	
版 印 次	2012 年 9 月第 1 版　2021 年 8 月第 6 次印刷	
书　　号	ISBN 978-7-308-10448-7	
定　　价	36.00 元	

本书编写组成员

主　　编　黄凌云（嘉兴职业技术学院）

副主编　张彩平（嘉兴职业技术学院）

　　　　　褚伟雄（嘉兴市农业科学研究院）

参　　编　（按姓氏笔画排序）

　　　　　王润屹（嘉兴市农业科学研究院）

　　　　　叶琳琳（嘉善碧云花园）

　　　　　吕　　剑（嘉兴职业技术学院）

　　　　　施雪良（嘉兴职业技术学院）

　　　　　黄超群（嘉兴职业技术学院）

　　　　　蔡海燕（嘉善碧云花园）

主　　审　黄锦法（嘉兴市农业经济局）

前　言

植物生长环境是高职高专院校商品花卉专业重要的专业基础课程。根据教育部〔2006〕16号文件及"关于加强高职高专教育教材建设的若干意见"的有关精神,以就业为导向,我们编写了《植物生长环境》这本教材。本教材突出职业能力培养,体现基于职业岗位分析和具体工作过程的课程设计理念,以真实工作任务为载体组织教学内容,吸收植物生长环境研究的最新成果,并结合人才培养的实际,共设计了六个学习情境,分别为认识植物的生长环境、植物生长土壤环境调控、植物生长水分环境调控、植物生长光照环境调控、植物生长温度环境调控和植物生长养分环境调控等内容,每个学习情境设有技能点、知识点、任务提出、任务分析、相关知识和任务实施等环节,不另编实验实训指导。并结合花卉生产、苗木生产、草皮生产、花艺环境设计、花园中心经营管理等专业课程的要求,为学生今后的学习打下良好的基础。

本教材主要适合高职高专商品花卉、园林技术、园艺技术等专业使用,也可供种植类林业、果蔬、茶学、蚕学等相关专业选用;同时,还可供园林、园艺行业技术人员作为参考书。在本书编写过程中,得到了嘉兴市农经局研究员黄锦法、嘉兴市农业科学研究院高级农艺师褚伟雄、农艺师王润屹、嘉善碧云花园副总经理蔡海燕、叶琳琳等专家、技术人员的大力帮助,贯彻了基于工作过程的编写思路。特别是在完稿后,承蒙嘉兴市农经局黄锦法研究员的悉心审阅,并提出了许多宝贵意见和建议;在本书的编写过程中,许燕倩、凌峰、陈增峰、严燊秀、张成潇、杨霜霜、沈毅等在文字素材方面做了大量工作,在此一并表示衷心的谢意,也衷心感谢被本书引用的所有文献的作者们。

本教材具体编写分工为:学习情境一由黄凌云、黄超群编写,学习情境二由黄凌云、王润屹编写,学习情境三由张彩平、施雪良编写,学习情境四由褚伟雄、蔡海燕编写,学习情境五由张彩平、叶琳琳编写,学习情境六由黄凌云、吕剑编写。全书最后由黄凌云统稿。

由于编写者水平有限,加之编写时间仓促,书中难免有不妥之处,恳请广大专家与读者批评指正,提出宝贵意见,以便今后修订时加以完善。

编　者

2012年6月

目　录

学习情境一

认识植物的生长环境

技能点

初步认识植物的生长环境。

知识点

1. 与植物生长环境相关的概念。
2. 环境对植物生长的影响。

任务提出

什么是生长？什么是环境？环境对植物生长有哪些影响？

任务分析

结合专业特点，了解植物、生长、环境等内涵；了解环境对植物生长的影响。

相关知识

一、植物生长环境的相关概念

（一）植物

植物是生命的主要形态之一，地球上的植物，目前已经知道的有三十多万种。根据其结构和生殖特性的不同，可以将植物分为菌藻类植物、苔藓类植物、蕨类植物和种子植物四大类。种子植物又可分为裸子植物和被子植物，它们用途广泛。

结合专业的特点，本教材中的植物是指具有一定观赏价值和经济价值的各种植物材料，主要指各种鲜切花、盆栽花卉、露地栽培花卉、设施栽培植物和园林树木等。

（二）生长发育

生长是指植物在体积和重量上的增加，是一个不可逆的量变过程。生长是通过细胞分裂、伸长来体现的，也可称为营养生长，如植物的营养器官根、茎、叶的生长。

发育是指植物的形态、结构和机能上发生的质的变化过程。发育表现为细胞、组织和器官的分化形成，也可称为生殖生长，如植物的生殖器官花、果实、种子的生长。

生长是植物生命过程的量变过程；而发育是植物生命过程的质变过程。在植物生活周期中，生长和发育是交织在一起的，两者互相依存不可分割，具有密切的"互为基础"关系。

（三）环境

环境是指相对于某项中心事物的周围事物。以环境的属性来分，将环境分为自然环境、人工环境和社会环境。

自然环境,是指未经过人的加工改造而天然存在的环境;自然环境按环境要素,又可分为大气环境、水环境、土壤环境、地质环境和生物环境等,主要就是指地球的五大圈——大气圈、水圈、土圈、岩石圈和生物圈。

人工环境,是指在自然环境的基础上经过人的加工改造所形成的环境,或人为创造的环境。人工环境与自然环境的区别,主要在于人工环境对自然物质的形态做了较大的改变,使其失去了原有的面貌。

社会环境是指由人与人之间的各种社会关系所形成的环境,包括政治制度、经济体制、文化传统、社会治安、邻里关系等。

(四)植物生长环境

植物生长环境其中心事物特指植物,是指对植物而言,其生长地点周围空间的一切自然条件。这里的自然条件是指自然环境,包括天然的自然环境,也包括人工调控管理的自然环境,如气候环境、土壤环境和营养环境,以及人工建造大棚、温室等设施环境。

(五)生态因子

生态因子指对生物有影响的各种环境因子。常直接作用于个体和群体,主要影响个体生存和繁殖、种群分布和数量、群落结构和功能等。各个生态因子不仅本身起作用,而且相互发生作用,既受周围其他因子的影响,反过来又影响其他因子。

生态因子的类型多种多样,分类方法也不统一。简单、传统的方法是把生态因子分为生物因子和非生物因子。前者包括生物种内和种间的相互关系,后者则包括气候、土壤、地形等。根据生态因子的性质,可分为以下五类:

1. 气候因子　气候因子也称地理因子,包括光、温度、水分、空气等。根据各因子的特点和性质,还可再细分为若干因子。如光因子可分为光强、光质和光周期等,温度因子可分为平均温度、三基点温度、积温、节律性变温和非节律性变温等。

2. 土壤因子　土壤是气候因子和生物因子共同作用的产物,土壤因子包括土壤组分、土壤结构、土壤的理化性质、土壤肥力和土壤生物等。

3. 地形因子　地形因子如地面的起伏、坡度、坡向、阴坡和阳坡等,通过影响气候和土壤,间接地影响植物的生长和分布。

4. 生物因子　生物因子包括生物之间的各种相互关系,如捕食、寄生、竞争和互惠共生等。

5. 人为因子　把人为因子从生物因子中分离出来是为了强调人的作用的特殊性和重要性。人类活动对自然界的影响越来越大,且具有全球性,分布在地球各地的生物都直接或间接受到人类活动的影响。

生态因子的划分是人为的,其目的只是为了研究或叙述的方便。实际上,在环境中,各种生态因子的作用并不是单独的,而是相互联系并共同对生物产生影响,因此,在进行生态因子分析时,不能只片面地注意到某一生态因子,而忽略其他因子。另一方面,各种生态因子也存在着相互补偿或增强作用的相互影响。生态因子在影响生物的生存和生活的同时,生物体也在改变生态因子的状况。

二、环境对植物生长的影响

(一)综合性

每一个生态因子都是在与其他因子的相互影响、相互制约中起作用的,任何因子的变化都会在不同程度上引起其他因子的变化。例如光照强度的变化必然会引起大气和土壤温度和湿度的改变,这就是生态因子的综合作用。

(二)生态因子非等价性

对生物起作用的诸多因子是非等价的,其中有 1～2 个是起主要作用的主导因子。主导因子的改变常会引起其他生态因子发生明显变化或使生物的生长发育发生明显变化,如光周期现象中的日照时间和植物春化阶段的低温因子就是主导因子。

(三)不可替代性和可调剂性

生态因子虽非等价,但都不可缺少,一个因子的缺失不能由另一个因子来代替。但某一因子的数量不足,有时可以由其他因子来补偿。例如光照不足所引起的光合作用的下降可由 CO_2 浓度的增加得到补偿。

(四)阶段性和限制性

生物在生长发育的不同阶段往往需要不同的生态因子或生态因子的不同强度。例如低温对冬小麦的春化阶段是必不可少的,但在其后的生长阶段则是有害的。那些对生物的生长、发育、繁殖、数量和分布起限制作用的关键性因子叫限制因子。有关生态因子的限制作用有以下两条定律。

1. 李比希最小因子定律　　1840 年农业化学家 J. Liebig 在研究营养元素与植物生长的关系时发现,植物生长并非经常受到大量需要的自然界中丰富的营养物质如水和 CO_2 的限制,而是受到一些需要量小的微量元素如硼的影响。因此他提出"植物的生长取决于那些处于最少量因素的营养元素",后人称之为 Liebig 最小因子定律。Liebig 之后的研究认为,要在实践中应用最小因子定律,还必须补充两点:一是 Liebig 定律只能严格地适用于稳定状态,即能量和物质的流入和流出是处于平衡的情况下才适用;二是要考虑因子间的替代作用。

2. 谢尔福德耐受定理　　生态学家 V. E. Shelford 于 1913 年研究指出,生物的生存需要依赖环境中的多种条件,而且生物有机体对环境因子的耐受性有一个上限和下限,任何因子不足或过多,接近或超过了某种生物的耐受限度,该种生物的生存就会受到影响,甚至灭绝。这就是 Shelford 耐受定律。后来的研究对 Shelford 耐受定律也进行了补充:每种生物对每个生态因子都有一个耐受范围,耐受范围有宽有窄;对所有因子耐受范围都很宽的生物,一般分布很广;生物在整个发育过程中,耐受性不同,繁殖期通常是一个敏感期;在一个因子处在不适状态时,对另一个因子的耐受能力可能下降;生物实际上并不在某一特定环境因子最适的范围内生活,可能是因为有其他更重要的因子在起作用。

最小因子定律和耐受性定律的关系,可以从以下三个方面理解,首先,最小因子定律只考虑了因子量的过少,而耐受性定律既考虑了因子量的过少,也考虑了因子量的过多;其次,耐受性定律不仅估计了限制因子量的变化,而且估计了生物本身的耐受性问题。生物耐受性不仅随种类不同,且在同一种内,耐受性也因年龄、季节、栖息地的不同而有差异;同时,耐受性定律允许生态因子之间的相互作用,如因子补偿作用。

（五）生态因子作用的直接性和间接性

直接参与生物生理过程或参与新陈代谢的因子属于直接因子,如光、温、水、土壤养分等。例如光可以促进种子萌发。而那些通过影响直接因子而对生物作用的因子,属于间接因子,如海拔,坡向,经、纬度等就是间接因子,他们对生物的作用不亚于直接因子。例如四川二郎山的东坡湿润多雨,分布类型为常绿阔叶林;而西坡空气干热、缺水,只能分布耐旱的灌草丛,同一山体由于坡向不同,导致植被类型各异。

任务实施

初步认识植物生长的环境

（一）任务目的

通过在校内实训基地的走访,初步认识植物生长的各种环境,对各种设施、植物栽培方式、栽培基质等有一基本了解。

（二）材料用具

校内实训基地、记录本、铅笔。

（三）操作规程

1. 结合校内实训基地的实际情况,讲解以下内容：

（1）露地栽培:是指完全在自然气候条件下的一种栽培方式。

（2）设施栽培:是指在不适宜植物生长发育的寒冷或炎热季节,利用保温、防寒或降温、防雨设施,人为地创造适宜植物生长发育的小气候环境,不受或少受自然季节的影响而进行生产的一种方式。

用于保护植物栽培的场地或设备通称保护地设施,常见的有温室、大棚、阴棚、拱棚、地膜、连栋大棚等。

（3）盆栽植物:广义讲,盆栽植物就是容器中栽培的植物,可以是花盆,木箱,容器袋、纸杯,也可以是其他的容器等;而狭义讲,则是指在花盆中生长的植物。

（4）栽培基质:是指代替土壤提供作物机械支持和物质供应的固体介质。

常用的栽培基质：

泥炭:是低温、湿地的植物遗体经数千年的堆积,在气温较低、雨水较少的条件下,植物残体缓慢分化而成。

蛭石:一种水合镁铝硅酸盐,能提供一定量的钾,少量的钙、镁等营养物质。

珍珠岩:由灰色火山岩经粉碎加热至1000℃,膨胀形成的一种白色颗粒状物。

此外,还有河沙、煤饼燃烧后的残渣、陶粒、水草、木屑等。

2. 参观校内实训基地,对植物生长的各种环境条件进行记载。

学习情境二

植物生长土壤环境调控

任务一　认识土壤的基本组成

技能点

1. 掌握土样采集与制备的方法。
2. 掌握土壤含水量的测定方法。
3. 掌握土壤有机质的测定方法。

知识点

1. 土壤的形成。
2. 土壤的三相组成。
3. 土壤的矿物组成。
4. 土壤的生物组成。
5. 土壤的有机质组成。

任务提出

什么是土壤？土壤上为何能生长万物？土壤从何而来？土壤中有什么？

任务分析

本次任务是认识土壤的形成、土壤的组成成分。

相关知识

　　土壤是地球陆地上能够产生植物收获物的疏松表层。土壤是人类的衣食之源，是人类世代相传的生存条件和再生产条件。"珍惜每一寸土地，合理利用每一寸土地"是我国的一项基本国策。土壤上之所以能够生长植物，是因为其具有为植物提供水分和养分的能力，以及协调自身空气和温度状况以适合植物生长的能力，这种能力我们称之为土壤肥力，而"水、肥、气、热"我们则称之为四大肥力要素。

　　土壤归根到底是由岩石变来的。坚硬的大块岩石变成疏松和具有肥力的土壤，需要经过漫长而又复杂的演变过程。这个过程可概括为岩石风化过程和土壤形成过程。岩石风化结果产生了形成土壤的母质。土壤形成是指从成土母质变成土壤。因此，岩石—母质—土壤之间有着密切的关系。了解土壤的形成，就必须先研究岩石的风化和母质的类型及其特征。

一、岩石的风化作用

岩石是一种或数种矿物的天然集合体。按成因它可以分为岩浆岩（火成岩）、沉积岩和变质岩三大类。

岩石是在地壳深处条件下形成的，当岩石一旦裸露于地表后，在常温、常压和有水、有氧、有生物活动的新环境中，其物理性状和化学成分，就会发生相应的改变。这种使岩石破碎，成分和性质发生改变的作用称为岩石的风化作用。岩石经风化作用形成的产物称为成土母质，简称母质。因此，风化过程也就是土壤母质形成的过程。

根据外界因素的性质，风化作用可分为物理风化、化学风化和生物风化三个方面。

（一）物理风化（机械崩解作用）

岩石由大块变小块，形状改变而化学成分基本不改变的作用称为物理风化作用，也即在物理因素作用下发生的机构破碎过程。造成物理风化的因素很多，有温度、流水、结冰和风等。其中主要是温度的变化作用。岩石与其他物体一样，随四季和昼夜温差的变化而热胀冷缩。由于岩石导热性小，内外受热不均，胀缩不一，天长日久则会开裂散碎，层层剥落。同时岩石由多种矿物组成，每种矿物比热不同，胀缩程度差异大，更易发生物理崩解。此外，进入岩缝中的水遇冷结冰，流水夹带的泥沙，以及飞沙走石也会引起岩石破碎或侵蚀作用，从而使岩石发生破坏。

物理风化的结果，使岩石失去了坚实性，由大块变为小块，再变为细粒，而形成疏松多孔的风化物，从而获得了岩石所没有的对水和空气的通透性。同时表面积增加，扩大了与外界的接触面，有利于化学风化的进行。

（二）化学风化

在水分、氧气、二氧化碳、各种酸类等因素作用下，使岩石的化学成分及特性发生变化的作用称为化学风化。化学风化的形式有水解作用、水化作用、氧化作用和溶解作用。

岩石化学风化的结果，产生颗粒很细的新的次生黏粒矿物，如高岭石、蒙脱石、伊利石、含水氧化物等，从而使其风化产物开始具有一定的吸附能力、蓄水性能等许多重要特性。同时通过化学风化使封闭在矿物中的难溶性养分转化为可溶性养分，为生物的出现提供了最初养分来源。

（三）生物风化

生物风化是指动物、植物、微生物的活动及其分解产物对岩石的破坏作用。生物风化主要表现在两个方面，一是生物的机械破坏作用，例如植物根系的伸展，尤其是树根伸入岩石裂缝中，可使岩石开裂和破碎；二是生物引起的化学分解作用。例如地衣、苔藓及各种动植物，在生长过程或其遗体分解过程中所产生的二氧化碳和有机酸类物质也可以使岩石矿物发生化学分解和破坏。

生物风化的结果，不仅具有物理风化和化学风化破坏岩石的效果，而且还为风化产物变成土壤提供了最初有机质来源。

物理风化、化学风化和生物风化是相互联系、相互促进的，同时同地共同对岩石产生破坏作用，只是在不同条件下各种风化作用的强度不同而已。

二、成土母质的特性和类型

(一)成土母质的特性

1. 分散性和保水、保肥性的发展　母质中出现微细颗粒,其中一部分属于胶体范围,因而发展了表面吸附性能,可以保存一些水分和养料,但与土壤相比,还是微不足道的。

2. 出现了通透性和蓄水性　母质比岩石疏松多孔,能通气透水,其热性质也有一定的发展。同时由于细小颗粒的产生,使母质具有一定的毛管现象,从而增加了蓄水性能,但与土壤相比,水气的矛盾较大,很不协调。

3. 含有一定的养分　经过风化后释放出来的养分,是可以被植物吸收的,但风化物保蓄养分能力差,养分大部分被淋失,且呈分散状态存在。母质不仅含养分少,而且缺乏氮素。因此较之土壤,无论是养分的数量上还是养分种类上都还不能满足植物生长的需要。

(二)成土母质的类型

在自然界,风化的产物很少保留在原地,大多数被流水、风力、冰川及重力的作用,搬运到其他地方沉积下来,根据其成因,可分为以下几种类型:

1. 残积母质(残积物)　岩石风化产物就地堆积,称为残积母质,也称为原积母质。残积母质一般处在山地的平缓处或丘陵岗背,是搬运和堆积作用较少的地段,所形成的土壤一般肥力不高,但与山区林业发展关系极大。

2. 坡积母质(坡积物)　山坡上的风化物受水流和重力的联合作用,在坡地下部或山麓堆积起来就形成坡积母质。所形成的土壤一般肥力较高,在自然条件较好的低山区是果木和经济林木的主要用地。

3. 洪积母质(洪积物)　山洪暴发时挟带的泥沙、砾石在山谷出口处较平缓地带堆积的堆积物称为洪积母质。由于山谷出口地势宽坦,坡降骤然减小,水流由集中变为放射状散流,流速减慢,使携带的泥沙尤其是粗大的碎屑物在谷口堆积下来,形成扇状地形,称为洪积扇。在山麓地带,洪积扇可以一个个互相联结,分布面积较大。

以上几种母质,多发生在山区及丘陵区。有时几种母质混杂在一起,无法区分,而形成残积—坡积体、坡积—洪积体等母质类型。

4. 冲积母质(冲积物)　风化物经常年流水(河流)的侵蚀、搬运而沉积在河流两岸的沉积物,称为冲积物。在杭嘉湖平原和其他大河中下游,冲积母质分布甚广,都是主要的农业区,土壤肥力较高。

5. 湖积母质(湖积物)　由搬运至湖泊中的泥沙沉积而成,或者在湖滨浅水带,受湖浪的作用,将湖底泥沙带起,重新沉积在湖泊四周,形成平坦的湖滨平原。在太湖附近,原始古代的湖泊群,有大量的湖积物分布,长久以后就形成腐泥层、泥炭层,所形成的土壤含有大量有机质,由于通气不良,会造成还原环境。

6. 浅海沉积母质(浅海沉积物)　河流携带的大量泥沙进入海洋,在大陆沿岸沉积下来,叫做浅海沉积母质。它露出海面后,成为土壤的母质。所形成的土壤含较多可溶性盐分,呈石灰性反应。在我省,经脱盐淡化后,可成为主要棉麻产区和农业高产区。

7. 风积母质(风积物)　风积母质是由风力将其他成因的堆积物搬运沉积而成,其特点是质地粗、砂性大,形成的土壤肥力低。

三、土壤形成

（一）自然土壤的成土过程

自然界多种多样的土壤，是在母质、生物、气候、地形、时间等因素（称为"五大成土因素"）的综合作用下产生的，而不是单因素作用的结果。

母质是形成土壤的基础，由母质发展成土壤必须经过生物对养分集中保蓄的过程，也就是说成土过程是以生物为主导的成土因素综合作用的过程。因此，生物的出现与演变是土壤形成的关键，没有生物，土壤肥力得不到发生发展，也就不可能形成土壤。气候是主要的环境因素，对土壤形成影响最大的是温度和降雨，不同的水、热条件，对岩石风化、物质转化迁移，以及有机质积累和植被类型等影响也不相同，所形成的土壤类型也不相同。地形是影响土壤形成的间接环境因素，它影响水热状况的再分配和风化物的再分配，在同一气候带下，不同地形上由于水热条件的差异，所形成的土壤不相同。时间在成土过程中是一个强度因素，任何土壤的形成过程都需要极其漫长的时间，是珍贵的不可再生资源。因此，在实践中要积极防治水土流失，消灭裸露地，提高植被覆盖率，保护土壤资源。

（二）农业土壤的形成过程

农业土壤是在自然土壤的基础上，经过人工的熟化过程而形成的。所谓熟化过程就是在正确的耕作下，运用各项农业技术措施，改善土壤的理化性状和生物特性，定向培肥土壤的过程。在正确的熟化措施下，土壤肥力得以不断提高；但若措施不当，也可使土壤肥力严重衰退，甚至造成土壤次生盐碱化、沙化及污染等严重后果。

四、土壤的基本组成

土壤是由固体、液体和气体三相物质组成的疏松多孔体，固相物质包括土壤的矿物质、有机质和生活在土壤中的生物，占土壤总体积的50％左右；在固体物质之间存在着大小不同的孔隙，占据土壤总体积的另一半，孔隙里充满着空气和水分，两者互为消长，水多气少，水少则气多。

（一）土壤矿物质

土壤矿物质是土壤中所有固态无机物质的总和，它全部来源于岩石矿物的风化。按其来源和成因，可分为两类，即原生矿物和次生矿物。

1. 原生矿物　原生矿物是指岩石中原来就有的，在风化过程中，没有改变成分和结构，只是遭到机械破坏而遗留下来的矿物。如石英、长石、云母、角闪石、橄榄石等。土壤中的原生矿物主要存在于砂粒、粉砂粒等较粗的土粒中。

2. 次生矿物　次生矿物是指原生矿物在风化作用过程中，经过一系列地球化学变化后所形成的新矿物。土壤的黏粒主要是由次生矿物组成，因此也称黏粒矿物。

次生矿物大体可分为两大类：一类是铝硅酸盐类黏粒矿物，主要有高岭石、蒙脱石、伊利石；另一类是氧化物黏粒矿物，主要包括水化程度不同的铁和铝的氧化物及硅的水化氧化物，如三水铝石、针铁矿、褐铁矿等。

（二）土壤生物

土壤中生活着各种各样的生物，有动物、植物和微生物。土壤动物种类繁多，如蚯蚓、蚂蚁和昆虫等；土壤植物主要指其地下部分，包括植物根系和地下块茎等；土壤微生物具有个体小、数量大、种类多的特点,其种类根据形态可分为细菌、放线菌、真菌和原生动物等;根据需氧状况可分为好气性、嫌(厌)气性和兼气性;根据营养特点可分为自养型和异养型。

一般来说,土壤生物量越大,土壤越肥沃。通常土壤中微生物的生物量显著高于动物的生物量,所以土壤中微生物发挥着更重要的作用。

（三）土壤有机质

土壤有机质是土壤中一切含碳有机化合物及小部分生物有机残体的总称。土壤有机质含量虽然不多,约 1%～5%,但它是土壤肥力高低的重要指标之一,是土壤的重要组成部分。

1. 土壤有机质的来源与分类　　土壤有机质来源于各种动植物残体的分解。在农业土壤中,施入的各种有机肥是其主要的来源;在自然土壤条件下,主要来源于生长在土壤上的绿色植物残体,其次来源于生活在土壤内的微生物和动物。根据其形态可分为二类,一类是非腐殖质物质,约占土壤有机质总量的 10%～15%,主要是动植物的有机残体及其不同分解程度的各种产物,它们与土粒机械地混合在一起,对疏松土壤有良好作用;另一类是腐殖质,约占土壤有机质总量的 85%～90%,是有机物质经土壤微生物分解而又重新合成的一种特殊的高分子含氮有机化合物,它们与土粒紧密结合,是土壤有机质的主体。通常说的土壤有机质主要是指腐殖质。

2. 土壤有机质的转化过程　　进入土壤的生物有机残体在微生物的作用下,进行复杂的生物化学变化过程,可划分为矿质化过程和腐殖质化过程。矿质化过程是指土壤的有机物质在微生物的作用下,分解成简单的有机化合物,最后被彻底分解为无机物,如 CO_2、H_2O、NH_3 等,并释放出热能的过程。土壤腐殖质化过程是指土壤有机质矿质化过程中产生的简单有机化合物,再经微生物作用又重新合成为新的、土壤中所特有的有机化合物——腐殖质的过程。

土壤有机质的矿质化和腐殖质化两个过程是方向相反但又相互依存、相互联系的矛盾对立统一过程。在实践中如何协调和控制这两个过程是个重要问题。

3. 影响土壤有机质转化的因素　　土壤有机质的矿质化和腐殖质化两个过程受多种因素影响,主要有:

(1)有机残体的碳氮比　　土壤微生物每分解 25～30 份碳素大约需要 1 份氮素组成自身细胞,所以进入土壤的有机残体碳氮比小于(25～30)∶1 时,易被微生物分解,并有多余的氮素释放供植物吸收;反之,则有机残体分解较慢,并造成微生物与植物争夺土壤中的有效氮,不利植物生长。因此,当碳氮比高于(25～30)∶1 的有机残体施入土壤时,应配施速效氮肥,既能促进微生物对其分解,又能缓解微生物与植物争氮。

(2)土壤的水气状况　　在适宜的水分和通气良好的土壤中,好气性微生物活跃,有机残体分解快,为植物提供养分,但腐殖质积累少;反之,在水分过多、通气不良的土壤中,嫌气性微生物活动,有机质分解慢,腐殖质容易积累。

(3)土壤温度　　土壤温度升高既可促进矿质化过程,又可促进腐殖质化过程,但随着温度的提高,矿质化速率的提高幅度要大于腐殖质化。

(4)土壤酸碱度　　各种微生物都有它最适宜活动的土壤 pH 值,和可以适应的 pH 范围。例如在酸性环境中真菌仍能活动,细菌则适宜于中性,而放线菌则能在微碱性环境中生活。土壤酸碱度过高或过低对微生物活动都有抑制作用。

4. 土壤有机质的作用

（1）为植物提供多种养分：土壤有机质含有植物所必需的各种营养元素，它除含有丰富的氮素外，还有大量的磷、硫、钾、钙等。而且其转化过程中产生的有机酸、腐殖酸等物质，可以将土壤矿物质中的难溶性养分转化为可溶性养分，从而提高土壤养分的有效性。

（2）提高土壤保水保肥和缓冲性能：土壤腐殖质是一种亲水胶体，具有很强的吸水能力；被腐殖质吸收和保持的各种养分的有效性较高，易被植物吸收利用，保肥性能也比较强；同时又是一种两性胶体，对土壤酸碱性变化具有较强的缓冲作用。

（3）改善土壤的物理性质：土壤有机质可以使黏土变得疏松，通气透水性及耕性得到改善，又可改变砂土的松散状况，提高砂土的蓄水保肥能力；腐殖质的颜色较深，能增强土壤的吸热性，有利于土温的提高。

（4）促进植物生长发育：极低浓度的腐殖质（胡敏酸）分子溶液对植物有刺激作用。如能改变植物体内糖类的代谢，促进还原糖的积累，提高细胞的渗透压，从而提高了植物的抗旱性；能提高氧化酶的活性，加速种子发芽和对养分的吸收，促进作物生长；还可增强植物的呼吸作用，提高细胞膜的透性和对养分的吸收，促进根系的发育。

（5）有助于消除土壤的污染：腐殖质能吸附和溶解某些农药，并能与重金属形成溶于水的络合物，随水排出土壤，减少对作物的毒害和对土壤的污染。

5. 土壤有机质的调节　要想增加土壤中的有机质，一方面是用地养地相结合，注重施用有机肥，合理安排耕作制度，提倡秸秆还田、种植绿肥等；另一方面是调节影响有机质转化的各种因素，创造有利的土壤条件，使有机质的分解与积累达到动态平衡。

（四）土壤水分与土壤空气

土壤水分与空气是土壤的重要组成物质，也是土壤肥力的重要因素，是植物赖以生存的生活条件。

1. 土壤水分　土壤水分并不是纯水，而是含有多种无机盐与有机物的稀薄溶液，处于不断的变化和运动中，土壤中进行的许多物理、化学和生物学过程都只有在水的参与下才能进行。土壤水分又是土壤肥力因素之一，一方面它是植物吸收水分的主要来源，另一方面它又会影响土壤空气的含量。具体内容见"学习情境三植物生长水分环境调控"。

2. 土壤空气　土壤空气是主要来自于大气，少量是土壤生物化学过程中产生的气体。与大气相比较而言，土壤空气 CO_2 含量很高，通常比大气高十几倍到几十倍，而 O_2 的含量比大气少。其次，土壤空气中有时还含有少量还原性气体，如 CH_4、H_2S、H_2 等，这些气体是土壤有机质嫌气分解过程中的产物，它积累到一定浓度时会对植物起毒害作用。因此，必须保持土壤具有良好的通气性，才能使土壤中消耗的 O_2 得到补充，并排除 CO_2 和其他有毒气体，以保证根系的正常发育。

土壤通气性是通过气体的整体交换与气体分子的扩散交换得以实现，整体交换主要是气温引起气体体积的膨胀收缩、气压的变化、风的作用以及降雨和灌溉水的排挤作用等因素引起的；气体分子的扩散交换是指气体分子由浓度大处向浓度小处扩散移动，土壤空气中的 CO_2 向大气扩散，大气中的 O_2 进入土壤，使土壤空气得以更新。在生产上一般采用垄畦栽培法，起到了"以沟控水、以水调气、气促根、根长苗"的作用。

任务实施

一、土壤样品采集

土壤样品的采集是土壤分析工作中的一个重要环节,它是关系到分析结果以及由此得出结论是否正确、可靠的一个先决条件。土壤的组成复杂而又极不均一。为了使分析测定的少量样品能够反映一定范围内土壤的真实情况,必须有一套科学的采集方法。为了使分析样品具有最大的代表性,土壤样品的采集过程应该按照"随机、多点、均匀"的要求进行。

（一）任务目的

土壤分析样品的采集与制备是土壤分析工作中的一个重要环节,是关系到分析结果和由此得出的绪论是否正确的一个先决条件。通过实验,使学生了解采取土样的意义,掌握耕层土壤混合样品的采集方法。

（二）材料用具

铁锹、小铁铲、土钻、塑料袋、标签、旧报纸

（三）操作规程

1. 采集原则　耕作层及土壤腐殖质层土壤混合土壤样品能反映整个土壤层次的肥力状况。采集时须按照一定的路线和"随机、多点、均匀"原则进行。非代表性地点,如路边、肥料堆积过的地方和特殊的地形部位都不能采集,以减少土壤差异,提高样品的代表性。

2. 选点方法　选点时以"S"形或是蛇形为宜。采样点的多少,根据采样区的面积大小确定,一般5～20个点,采样点的分布应尽量照顾土壤的全面情况,不可太集中。

3. 采样方法　在确定的采样点上,先将表层的腐殖质层及表土2～3mm刮去,一种方法是用小土铲进行采样,垂直向下15～20cm取出土样（见图2-1）;另一种方法是用土钻进行采样,在采样点上垂直向下约20cm,再拔出土钻,取出土钻中的土样。每一采样点的取土厚度、深度、质量要求大体相同,然后将样品集中起来混合均匀,重量约1kg。

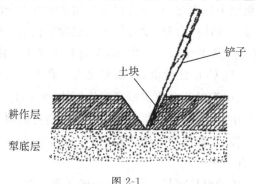

图 2-1

所取土样装入塑料中,带回实验室,均匀地摊在报纸上,放在避光的地方风干,同时注明采样地点、日期与采样人。

如果土样采集过多,可用四分法将多余的土壤弃去,见图2-2。

第一步　　　　　　　第二步　　　　　　　第三步

图 2-2　四分法去除多余土样

二、土壤样品制备

在正确采集土样之后,土壤样品制备直接关系到分析结果的代表性,成为土壤分析工作中的另一个重要环节。

（一）任务目的

土壤分析样品的制备是土壤分析工作中的一个重要环节。通过土样制备,剔除非土壤成分,适当磨细,充分混匀,使分析时所称取的少量样品具有较高的代表性,在分解样品时反应更完全,是关系到分析结果是否正确的一个先决条件。通过实验,使学生了解土样制备的意义,学会土壤混合分析样品的制备方法。

（二）材料用具

土壤筛（1mm、0.25mm）、木棒、旧报纸、塑料袋、标签。

（三）操作规程

1. 风干　从田间采回的土样均匀地摊在报纸上,放在室内,进行风干。在风干期间应经常翻动,防污染,忌阳光直晒。

2. 磨细与过筛　将风干后的土样平铺在报纸上,剔除非土壤成分,如植物残茬、石粒等,用木棒辗细,边磨边筛,使其全部通过 1mm 筛。过筛后的土样充分混匀后,再用两次四分法,共取出约 3/4 的土样装入袋中,即<1mm 土样;另外约 1/4 土样继续磨细至全部过 0.25mm 筛,充分混匀后装在袋中,即<0.25mm 土样;每个袋子上贴上标签,注明班级、小组编号、筛号等信息。

应强调指出,不允许在磨细的<1mm 土样中直接筛出一部分作为<0.25mm 土样使用。

三、土壤含水量的测定——烘干法

土壤水分是土壤的重要组成部分,也是土壤肥力因素中最活跃、较易调控的一个因素。通过土壤含水量的测定,可以了解田间土壤水分状况,为植物播种、土壤耕作、合理排灌、合理施肥等提供依据。

（一）任务目的

为了了解田间土壤的实际含水量情况,为播种、保墒和灌排提供依据,要求掌握烘干法测定土壤含水量的原理和方法。并在今后的任务中能根据风干土样的质量换算成烘干土样的质量。

（二）方法原理

在 $105\pm2℃$ 温度下,使土壤中的水分全部蒸发,将土样烘至恒重。在此温度条件下,可使土壤吸湿水从土壤中蒸发,而不破坏结构水。烘干前后的质量之差即为土壤所含水分的质量,再计算出土壤的含水量的百分数和水分系数。

（三）材料用具

烘箱、铝盒、电子天平、称量纸、角匙

（四）操作规程

取有编号的带盖铝盒洗净、烘干，打开铝盒盖，放在盒底下，用电子天平称出铝盒整个的质量（W_1），然后称 10g 左右＜1mm 土样于铝盒中（W_2），置于已预热至 105 ± 2℃温度的烘箱中烘 6～8h，关闭烘箱，盖好铝盒盖子，冷却至室温即称重（W_3）。再烘 2h，冷却，称至恒重（W_4）。（前后两次称重之差不大于 3mg）。

（五）原始数据记录

项　　目	数　　据
W_1(g) 整个铝盒的质量	
W_2(g) （铝盒＋风干土样）的质量	
W_3(g) （烘干后铝盒＋土样）的质量	
W_4(g) （烘干后铝盒＋土样）的质量	

（六）结果计算

$$水分系数 = \frac{烘干土重}{风干土重}$$

$$土壤含水量（\%） = \frac{W_2 - W_4}{W_4 - W_1} \times 100\%$$

四、土壤有机质测定——重铬酸钾法

土壤有机质是土壤的重要组成部分。土壤有机质是植物养分的重要来源，它对改善土壤的理化、生物性质有重要作用。因此，土壤有机质含量，是判断土壤肥力高低的重要指标。测定土壤有机质含量是土壤分析的主要项目之一。

（一）任务目的

理解土壤有机质测定的原理，初步掌握测定土壤有机质含量的方法，能比较准确地测出土壤有机质的含量，进一步巩固有关玻璃器皿的作用与操作。

（二）原理

在加热条件下，用稍过量的标准重铬酸钾——硫酸溶液，氧化土壤中的有机碳，剩余的重铬酸钾用标准硫酸亚铁溶液滴定，由土样和空白样品所消耗的标准硫酸亚铁量，计算出有机碳量，进一步可计算土壤有机质的含量。

（三）材料用具

电子天平、硬质试管、试管夹、称量纸、角匙、移液管、油浴锅（石蜡）、电炉、铁架台、弯颈小漏斗、温度计（0～300℃）、卷纸、150mL 三角瓶、酸式滴定管、0.133mol/L 重铬酸钾标准溶液、0.2mol/L 硫酸亚铁溶液、邻菲啰啉指示剂、浓硫酸等。

(四)操作规程

称取<0.25mm 风干土样 0.3×××g,用纸槽放入干燥完好的硬质试管底部,注意不要粘在试管壁上,加上试管夹夹住,用移液管准确加入重铬酸钾标准溶液 5mL,摇匀,再加入浓硫酸 5mL,小心摇匀,加上小漏斗,然后将试管放入 185~190℃ 的石蜡锅中加热,待液面沸腾后计时,5min 后取出,用纸擦干试管外石蜡,自然冷却。取 150mL 三角瓶在其中加入 20~30mL 蒸馏水,将冷却后的试管内容物倒入其中,再用蒸馏水少量多次洗入,最后三角瓶中的溶液定容至 60~80mL,加邻菲罗啉指示剂 3~5 滴,用标准硫酸亚铁溶液滴定,溶液颜色由橙色(或黄绿)经绿色、灰绿色突变至棕红色即为终点。

在测定土壤样品的同时必须做两个空白试验,取其平均值,空白试验用石英砂代替土样,其他过程同上。

(五)原始数据记录

项　目	数　据
W(g) (<0.25mm 风干土样质量)	
V_1(mL) (土样滴定起始读数)	
V_2(mL) (土样滴定终点读数)	
V_0(mL) (空白滴定所用硫酸亚铁毫升数)	

(六)计算

$$土壤有机质含(\%)=\frac{(V_0-V)\times C_2\times 0.003\times 1.724\times 1.1}{W\times 水分系数}\times 100\%$$

式中:V_0——空白滴定所用硫酸亚铁的毫升数;

　　　V——土样消耗的硫酸亚铁的毫升数($V=V_2-V_1$);

　　　C_2——硫酸亚铁溶液的浓度,mol/L;

　　　0.003——1/4 碳原子的毫摩尔质量,g;

　　　1.724——由土壤有机碳换算成有机质的换算系数;

　　　1.1——校正系数,因为用此法有机碳的氧化率只有 90%。

　　　W——风干土样质量,g。

(七)注意事项

1. 注意实验各个环节的安全,如电、高温、浓酸的安全。

2. 滴定前记住加入指示剂。

任务二　土壤质地的判断与改良

技能点

1. 掌握土壤质地判断的方法。

知识点

1. 土壤粒级的分级。
2. 土壤质地的分级。
3. 不同土壤质地的肥力特征和生产特性。
4. 土壤质地改良的措施。

任务提出

土壤是一粒粒的吗？土壤的颗粒组成如何？不同颗粒组成的土壤有怎样不同的感觉（质地）？植物需要怎样的土壤质地？

任务分析

本次任务是了解土壤粒级的组成、辨识与改良土壤的质地。

相关知识

土壤是一颗颗土粒的聚合体，土粒的大小差异很大，粒径从几毫米到 0.001mm 以下，这种大小不同的土粒性质和成分都不一样。

一、土壤粒级

（一）土粒的分级

为了研究方便，常按一定土粒直径（粒径）大小范围将土粒分成若干级或若干组，称为粒级或粒组。相同土粒的成分和性质基本一致，不同粒级之间则有明显的差异。

土粒分级一般是将土粒分为石砾、砂粒、粉砂粒和黏粒四级。粒级划分的标准及详细程度各国不一致，主要有国际制和卡庆斯基制。

国际制的特点是十进位制，相邻各粒级间的粒径差距均为 10 倍，分级少而易记，但分级界线的人为性十分突出（表 2-1）。

表 2-1 国际制土粒分级标准

粒级名称	粒径(mm)
石砾	>2
粗砂砾	2～0.2
细砂粒	0.2～0.02
粉砂粒	0.02～0.002
黏粒	<0.002

　　卡庆斯基制,又称苏联制,先把所有颗粒分为石砾(3～1mm)、物理性砂粒(1～0.01mm)、物理性黏粒(小于0.01mm),物理性砂粒和物理性黏粒这两大粒级再进一步细分(表2-2)。

表 2-2　卡庆斯基制土粒分级标准

粒级名称			粒径(mm)
石砾			3～1
物理性砂粒	砂粒	粗	1～0.5
		中	0.5～0.25
		细	0.25～0.05
	粉砂粒	粗	0.05～0.01
		中	0.01～0.005
		细	0.005～0.001
物理性黏粒	黏粒	粗	0.001～0.0005
		中	0.0005～0.0001
		胶粒	<0.0001

　　"物理性砂粒"和"物理性黏粒"与我国农民所称的"砂"和"泥"的概念甚为接近,其分界线界定在0.01mm这一数值是有一定科学意义的。据研究,粒径大于0.01mm的土粒,一般无可塑性和胀缩性,但有一定的透水性,其吸湿力、保肥力、黏结力等都较弱。而小于0.01mm的土粒,保肥力和黏结力等均逐渐增强。不同粒级对土壤肥力产生的影响是不同的。

　　(二)各级土粒的矿物组成和化学组成

　　从各粒级的矿物组成来看,砂粒和粉砂粒中主要含有各种原生矿物,其中以石英最多,土粒越粗石英的含量越高;而黏粒主要含有各种次生矿物,又以层状铝硅酸盐矿物为主。随土粒由粗变细,二氧化硅含量由多变少,营养元素由少变多。

　　土粒的化学组成极为复杂,几乎包括地壳中所有的元素,但氧、硅、铝、铁、钙、镁、钠、钾、钛、磷等10种元素占土壤矿物质总重的99%以上,其他元素不过1%,其中又以O、Si、Al、Fe为最多。

二、土壤质地

　　在自然界中,土壤很少是由单一粒级的土粒组成,多由不同粒级的混合而成。不同的土壤仅是所含大小土粒的比例不同而已。在土壤学中,把各粒级土粒百分含量的组合称为土壤质地,又称土壤机械组成、土壤颗粒组成。每种土壤都有一个质地类别名称,它概括地反映了土壤内在的某些基本特征。土壤质地是土壤的重要物理性质之一,对土壤肥力有重要影响。

　　(一)土壤质地分类

　　土壤质地一般分为砂土类、壤土类、黏土类三种。土壤质地分类也有不同的标准,常用的是国际制与卡庆斯制(表 2-3,表 2-4)。

表 2-3　国际制土壤质地分类标准

质地分类		各粒级土粒含量(重量%)		
类别	质地名称	砂粒 (2～0.02mm)	粉砂粒 (0.02～0.002mm)	黏粒 (<0.002mm)
砂土类	砂土及壤质砂土	85～100	0～15	0～15
壤土类	砂质壤土	55～85	0～45	0～15
	壤土	40～55	30～45	0～15
	粉砂质壤土	0～55	45～100	0～15
黏壤土类	砂质黏壤土	55～85	0～30	15～25
	黏壤土	30～55	20～45	15～25
	粉砂质黏壤土	0～40	45～85	15～25
黏土类	砂质黏土	55～75	0～20	25～45
	粉砂质黏土	0～30	45～75	25～45
	壤质黏土	10～55	0～45	25～45
	黏土	0～55	0～55	45～65
	重黏土	0～35	0～35	65～100

表 2-4　卡庆斯基制土壤质地分类标准

质地分类		物理性黏粒含量(%)		
类别	质地名称	灰化土类	草原土及红黄壤类	碱化及强碱化土类
砂土	松砂土	0～5	0～5	0～5
	紧砂土	5～10	5～10	5～10
壤土	砂壤土	10～20	10～20	10～15
	轻壤土	20～30	20～30	15～20
	中壤土	30～40	30～45	20～30
	重壤土	40～50	45～60	30～40
黏土	轻黏土	50～65	60～75	40～50
	中黏土	65～80	75～85	50～65
	重黏土	>80	>85	>65

　　浙江省的土壤可按表 2-4 中"草原土及红黄壤类"的标准划分质地。
　　(二)不同土壤质地的肥力特征与生产特性
　　1. 砂土类　含砂粒较多,粒间孔隙大,易于耕作,排水通畅,通气透水性强。大孔隙没有毛管作用,保水性差,土壤容易干燥,抗旱能力弱。砂土类主要矿物成分是石英,含养分

少,要多施有机肥料。砂土类保肥性差,施肥后因灌水、降雨而易淋失。因此施用化肥时,要少量多次。砂土类的土壤热容量小,易升温也易降温,昼夜温差大。生产上宜种植生长期短而耐贫瘠的植物,如仙人掌类、块根块茎类,也可作为苗床、扦插用土等。

2. 黏土类　含黏粒较多,粒间孔隙很小,多为极细毛管孔隙和无效孔隙,排水通气能力差,易受渍害和积累还原性有毒物质。毛管作用明显,保水保肥性好,抗旱能力强。黏土类矿质养分较丰富,有机质含量高。黏土类的土壤热容量大,土温平稳,不易升降。黏土干时紧实坚硬,湿时泥烂,耕作费力,宜耕期短。生产上宜种植多年生的乔木、灌木、草坪等植物,掺合一定比例的珍珠岩、蛭石、河沙等基质,是良好的盆栽营养土。

3. 壤土类　砂黏适中,兼有砂土类、黏土类的优点,是农业生产上质地比较理想的土壤,适合各种植物生长。

（三）土壤质地的改良

土壤质地的改良应因地制宜,不同的质地适合不同的植物,根据植物要求与生产条件,对不良质地的土壤进行改良,满足植物生长的需要。

1. 增施有机肥料　对于大田土壤增施有机肥料,既可改良砂土,也可改良黏土,提高土壤有机质含量,这是改良土壤质地最有效和最简便的方法。

2. 掺砂掺黏、客土调剂　如果砂土地（本土）附近有黏土、河沟淤泥（客土）,可搬来掺混;黏土地（本土）附近有砂土（客土）可搬来掺混,以改良本土质地。

3. 翻淤压砂,翻砂压淤　有的地区砂土下面有淤黏土,或黏土下面有砂土,这样可以采取表土“大揭盖”翻到一边,然后使底土“大翻身”,把下层的砂土或黏淤土翻到表层来使砂黏混合,改良土性。

4. 引洪放淤,引洪漫沙　在面积大、有条件放淤或漫沙的地区,可利用洪水中的泥沙改良砂土和黏土。所谓“一年洪三年肥”,可见这是行之有效的办法。

5. 盆栽植物对土壤有特殊的要求,一般宜配制培养土进行栽培。培养土的质地可分为三种,质地偏黏的培养土,适合多年生植物;质地中等的培养土,适合一、二年生的植物;质偏轻的培养土,适用于球根、肉质植物以及育苗、扦插。此外,还要根据不同植物种类在不同的生长发育阶段的要求,调整所用培养土的质地。

任务实施

土壤质地判断——手测法

土壤质地是土壤的重要性质,它对土壤性状和农业生产的影响很大。土壤质地的测定,可为因土种植、因土施肥、因土改良、因土灌溉和制订合理的栽培管理措施提供科学依据。

（一）任务目的

初步掌握手测法判断土壤质地的技能。

（二）方法原理

根据不同土壤质地,在不同含水量情况下的,用手指来感觉土壤的坚硬程度、粗糙程度、可塑程度、黏性程度,结合视觉和听觉来判断土壤的质地。此法简便易行,技能性很强,熟练后也比较准确,适于野外土壤质地的判断。

(三)操作规程

1. 干测法　取玉米粒大小的干土块,放在拇指与食指间使之破碎,并在手指间摩擦,根据指压时用力大小和摩擦时的感觉来判断。

2. 湿测法　取土一小块(算盘珠大小),除去石砾和根系,放在手中捏碎,加水适量,以土粒充分浸润为度(水分过多过少均不适宜),根据手指的感觉,能否搓成片、球、条及弯曲时断裂等情况加以判断。现将卡庆斯基制土壤质地分类手测法标准列于表2-5,以供参考。

表 2-5　卡庆斯基制土壤质地手测法判断标准

质地名称	干测法	湿测法
砂土	干土块毫不用力即可压碎,砂粒明显可见,手捻时粗糙刺手,研磨之沙沙作响	不能成球形,用手可捏成团,但一触即散,不能成片
砂壤土	砂粒占优势,混夹有少许黏粒,干土块用小力即可捏碎,很粗糙,研磨时有响声	能搓成表面不光滑的小球,勉强可成厚而极短的片状,但搓不成细条
轻壤土	干土块用力稍加挤压可碎,手捻有粗糙感	能搓成表面不光滑的小球,可成较薄的短片状,片面较平整,可成直径 3mm 土条,但提起后容易断裂
中壤土	干土块稍加大力量才能压碎,成粗细不一的粉末,砂粒和黏粒含量大致相同,手捻稍感粗糙	能搓成表面不光滑的小球,可成较长的薄片状,片面平整但无反光,可搓成直径约 3mm 的土条,可提起但弯成 2～3cm 小圈即断裂
重壤土	干土块用大力挤压可破碎成粗细不一的粉末,粉砂粒和黏粒占多,略有粗糙感	能搓成表较光滑的小球,可成较长薄片,片面光滑,有弱的反光,可搓成直径 2mm 的土条,能弯成 2～3cm 圆形,但压扁时有裂缝
黏土	干土块很硬,用手不能压碎,碎了以后呈细而均一的粉末,有滑腻感	能搓成表光滑的小球,可成较长薄片,片面光滑,有强的反光,可搓成直径 2mm 的土条,能弯成 2～3cm 圆形,压扁时无裂缝

任务三　认识土壤的基本性质

技能点

1. 掌握土壤容重的测定与孔隙度的计算。
2. 掌握土壤酸碱度的测定与分级。

知识点

1. 理解土壤容重、孔隙类型与孔隙度,掌握相关计算。
2. 了解土壤结构类型,掌握团粒结构的肥力特征与创造措施。
3. 了解土壤的物理机械性与耕性,理解耕作质量的评价标准。

4.　理解土壤的酸碱性,掌握其调节方法。

5.　了解土壤胶体的性质,理解土壤保肥的机理。

任务提出

土壤中的孔隙如何进行判断? 土壤是否具有不同的结构? 不同土壤在耕作时为什么表现不同? 为什么土壤具有保肥性? 土壤为什么有不同的 pH 值?

任务分析

本次任务是了解土壤不同的物理性质与化学性质。

相关知识

土壤中大小不同的各种矿物质及有机物质颗粒并不是单独存在的,一般通过多种途径相互结合,形成各种各样的团聚体。土壤颗粒之间不同的结合方式,决定了土壤物理性质中的土壤孔隙性、结构性、物理机械性和耕性等,也影响到土壤的保肥性、供肥性、酸碱性、缓冲性等化学性质。这些性质相互联系、相互制约,其存在状况可为土壤培肥改良、合理施肥及合理利用等提供科学依据。

一、土壤孔隙性

土壤是一个极其复杂的多孔体系,由固体土粒和粒间孔隙组成。土壤中土粒或团聚体之间以及团聚体内部的空隙叫做土壤孔隙。土壤孔隙是容纳水分和空气的空间,是物质和能量交换的场所,也是植物根系伸展和土壤动物、微生物活动的地方。

(一)土壤密度和容重

1.　土壤密度　土壤密度是指单位体积固体土粒(不包括粒间孔隙)的烘干土质量,单位是 g/cm^3 或 t/m^3。大部分土壤密度变化不大,一般情况下把土壤密度视为常数,即 $2.65g/cm^3$。

2.　土壤容重　土壤容重是指在田间自然状态下,单位体积土壤(包括粒间孔隙)的烘干土壤质量,单位也是 g/cm^3 或 t/m^3。

一般旱地土壤容重大概为 $1.00\sim1.80g/cm^3$,其数值大小除受土壤内部性状,如土粒排列、质地、结构、松紧的影响外,还经常受到外界因素,如降水、灌溉、人为生产活动的影响,尤其是耕作层变幅较大。

土壤容重是一个十分重要的基本数据,在土壤工作中用途较广,其重要性表现在以下几个方面。

(1)反映土壤松紧度:在土壤质地相似的条件下,容重的大小可以反映土壤的松紧度。容重小,土壤疏松多孔,结构性良好,通透性好但保水性差;容重大,土壤紧实板结,通气透水能力差。

（2）计算土壤质量：可以根据土壤容重来计算一定面积和深度的耕层土壤烘干土重，也可以根据容重、土壤含水量来计算在一定面积上挖土或填土的重量。

$$W = S \cdot h \cdot d$$

式中：W——土壤烘干土重（t）；

　　　S——面积（m^2）；

　　　h——土层深度（m）；

　　　d——容重（t/m^3）。

（3）计算土壤各种组分的数量：在土壤分析中，要推算出土壤中水分、有机质、养分和盐分含量等，可以根据土壤容重计算作为灌溉、排水、施肥的依据。

（4）用于计算土壤中质量和体积的换算：例：土壤质量含水量×容重＝土壤容积含水量。

（5）计算土壤三相体积比：

固相体积＝100％－土壤总孔隙度

液相体积＝土壤质量含水量×容重

气相体积＝土壤总孔隙度－液相体积

（二）土壤孔隙性

土壤孔隙性是指土壤孔隙的数量、大小、比例和性质的总称。由于土壤孔隙状况极其复杂，实践中难以直接测定，通常是用间接的方法，根据土壤密度、容重进行计算。

1. 土壤孔隙度　　土壤孔隙的数量常以土壤孔隙度来表示，是指单位体积土壤中孔隙体积占土壤总体积的百分数。土壤孔隙度的变幅一般在 30％～60％，适宜的孔隙度为50％～56％。

$$
\begin{aligned}
土壤孔隙度（\%） &= \frac{孔隙容积}{土壤容积} \times 100 \\
&= \frac{土壤容积－土粒容积}{土壤容积} \times 100 \\
&= \left(1 - \frac{土粒容积}{土壤容积}\right) \times 100 \\
&= \left(1 - \frac{土壤重量/比重}{土壤重量/容重}\right) \times 100 \\
&= (1 - 容重/比重) \times 100
\end{aligned}
$$

2. 土壤孔隙类型及其性质　　土壤孔隙大小、形状不同，无法按其真实孔径来计算，因此土壤孔隙直径是指与一定的土壤水吸力相当的孔径，称为当量孔径。土壤水吸力与当量孔径成反比，土壤水吸力愈大，则当量孔径愈小。根据土壤当量孔径大小可将土壤孔隙分为三类：

（1）无效孔隙：又叫非活性孔隙，当量孔径一般＜0.002mm，这是土壤中最细微的孔隙，土粒对这些水有强烈吸附作用，故保持在这种孔隙中的水分不易运动，也不能被植物吸收利用。这种孔隙内无毛管作用，也不能通气、透水，耕作的阻力大，不利于生产利用。

（2）毛管孔隙：当量孔径约为 0.02～0.002mm，具有毛细管作用，水分受毛管力作用大于重力作用，并靠毛管力移动，可保蓄在土壤中被植物吸收利用。也是植物的根毛和细菌的生活场所。

（3）通气孔隙：当量孔径＞0.02mm，毛管作用明显减弱，这种孔隙中的水分，主要受重力支配而排出，是水分和空气的通道，经常为空气所占据，故又称空气孔隙。通气孔隙的多少直接影响到土壤通气透水性，是原生动物、真菌和植物根系栖身地。

3. 土壤孔隙与植物生长　　生产实践表明，适宜于植物生长发育的耕作层土壤孔隙状况为：总孔度为 50%～56%，通气孔度在 10% 以上，如能达到 15%～20% 更好；毛管孔隙度与非毛管孔隙度之比在（2～4）：1 为宜；无效孔隙度要求尽量低。但不同植物和同种植物不同生育期对土壤孔隙度的要求不同，如乔木、灌木的根系穿透力强，适应的土壤松紧度范围广；而草本植物根系穿透力较弱，一般适宜在较疏松的土壤中生长。

二、土壤的结构性

土壤中的土粒，一般不呈单粒状态存在（砂土例外），而是相互胶结成各种形状和大小不一的土团存在于土壤中，这种土团称为结构体或团聚体。土壤结构性是指土壤结构体的种类、数量及其在土壤中的排列方式等状况。土壤结构性不同，土壤的松紧程度、孔隙状况不同，土壤肥力、土壤耕性、植物出苗、根系延伸也就不同。

（一）土壤结构体的类型及特性

按照土壤结构体的大小、形状和发育程度可分为：

1. 块状与核状结构　　土壤胶结成块，团聚体长、宽、高三轴大体近似，大小不一，边界不明显，结构体内部较紧实，俗称"坷垃"。核状结构比块状小，形状如核，棱角明显，结构体坚实。在有机质含量较低或黏重的土壤中，一方面由于土壤过干、过湿耕时，在表层易形成块状结构；另一方面由于受到土体的压力，在心土、底土中也会出现。这两种结构的土壤肥力、耕作性能较差，又漏水漏肥，且耕作阻力大，不易破碎。

2. 柱状与棱状结构　　此类团聚体垂直轴特别发达，在土体中呈直立状，结构体间有明显垂直裂隙；如果顶端平圆而少棱的称柱状结构，多出现在典型碱土的下层；如果边面棱角明显的称棱柱状结构，多出现在质地黏重而水分又经常变化的下层土壤中。由于土壤的湿胀干缩作用，在土壤过干时易出现土体垂直开裂，漏水漏肥；过湿时易出现土粒膨胀黏闭，通气不良。

3. 片状与板状结构　　团聚体水平轴特别发达，呈片状，如果地表在遇雨或灌溉后出现的结皮、结壳，称为"板结"现象，播种后种子难以萌发、破土、出苗；如果受农机具压力或沉积作用，在耕作层下出现的犁底层也为片状结构，其存在有利于托水托肥，但出现部位不能过浅、过厚，也不能过于紧实黏重，否则土壤通气透水性差，不利于植物的生长发育。

4. 团粒结构　　包括团粒和微团粒，团聚体近似球形，为疏松多孔的小土团，粒径大小在 0.25～10mm 之间，俗称"蚂蚁蛋"、"米糁子"等，常出现在有机质含量较高、质地适中的土壤中，是农业成产中最理想的结构体，如蚯蚓粪。

团粒结构的主要特点为：具有协调土壤水、肥、气、热的能力，这与团粒结构土壤良好的孔性有密切关系。团粒与团粒之间有适量的通气孔隙，水少气多，好气微生物活跃，有利于有机质矿质化作用，养分释放快；团粒内部有大量的毛管孔隙，水多气少，嫌气微生物活跃，有利于腐殖质的积累，养分可以得到贮存；因此具有团粒结构的土壤，结构体大小适宜，松紧度适中，通气透水，保水保肥，供水供肥等性能强，耕作阻力小，耕作效果好，有利于植物根系的扩展、延伸，是植物生长发育最理想的土壤结构。

（二）土壤团粒结构培育措施

团粒结构的形成，一般来说是一个渐进的过程，必须具备两个条件，即土粒的粘聚作用和外力的推动作用。对于质地偏黏的土壤，可以通过以下措施促进土壤团粒结构形成：

1. 深耕增施有机肥料　深耕可使土体崩裂成小土团，有机质是良好的土壤胶结剂，是团粒结构形成不可缺少的物质，我国土壤由于有机质含量低，缺少水稳性团粒结构，因此需增施优质有机肥来增加土壤有机质，促进土壤团粒结构的形成。

2. 调节土壤酸碱度　土壤中丰富的钙是创造土壤良好结构的必要条件，因此，对酸性土壤施用石灰，碱性土壤施用石膏，在调节土壤酸碱度的同时，增加了钙离子，促进良好结构的形成。

3. 正确的土壤耕作　精耕细作（适时深耕、耙耱、镇压、中耕等）有利于破除土壤板结，破碎块状与核状结构，疏松土壤，加厚耕作层，增加非水稳性团粒结构。但不良的土壤耕作也会造成很大破坏，因此，应遵循"需耕、适耕、则耕"的原则，进行正确的耕作。

4. 合理轮作　包括两方面的含义：一是用地和养地相结合，如粮食作物与绿肥或牧草作物轮作；二是在同一地块不能长期栽培单一植物，可以水旱轮作，或者不同植物种类进行轮作。

5. 合理灌溉、晒垡、冻垡　灌溉中应注意以下几点：一是避免大水漫灌；二是灌后要及时疏松表土，防止板结，恢复土壤结构；三是有条件地区采用沟灌、喷灌或滴灌为好。另外，在休闲季节采用晒垡或冻垡，利用干湿交替、冻融交替使黏重土壤变得酥脆，促进良好结构的形成。

6. 施用土壤结构改良剂　土壤结构改良剂基本有良种类型：一是从植物遗体、泥炭、褐煤或腐殖质中提取的腐殖酸，制成天然土壤结构改良剂，施入土壤中成为团聚土粒的胶结剂。其缺点是成本高、用量大，难以在生产上广泛应用。二是人工合成结构改良剂，常用的为水解聚丙烯腈钠盐和乙酸乙烯酯等，具有较强的黏结力能使分散的土粒，形成的团粒具有较高的水稳性、力稳性和微生物降解性，同时能创造适宜的团粒空隙，用量一般只占耕层土重 $0.01\% \sim 0.1\%$，使用时要求土壤含水量在田间持水量 $70\% \sim 90\%$ 时效果最好，以喷施或干粉撒施，然后耙耱均匀即可，创造的团粒结构能保持两三年之久。

三、土壤物理机械性与耕性

（一）土壤物理机械性

土壤物理机械性是多项土壤动力学性质的统称，包括土壤的黏结性、黏着性、可塑性、胀缩性以及其他受外力作用后（如农机具的切割、穿透和压板作用等）而发生形变的性质，在农业生产中主要影响土壤耕性。

1. 土壤黏结性　土壤黏结性是指土粒与土粒之间相互黏结在一起的性能。土壤的黏结性越强，耕作阻力越大，耕作质量越差。土壤质地、土壤水分、土壤有机质等是影响土壤的黏结性的主要因素。质地越黏重，土壤的黏结性就越强，反之，则相反。土壤有机质可以提高沙质土壤的黏结性，降低黏质土壤的黏结性。

2. 土壤黏着性　土壤的黏着性是指土粒黏附于外物上的性能，是土粒—水膜—外物之间相互吸附而生产的。土壤黏着性越强，则土壤易于附着于农具上，耕作阻力越大，耕作质量越差。土壤黏着性与土壤黏结性的影响因素相似，也是土壤质地、土壤水分、土壤有机质等。质地越黏重,土壤的黏着性就越强,反之,则相反。干燥的土壤无黏着性,当土壤含水量增加到一定程度时,土粒表面有了一定程度厚度的水膜,就具有了黏附外物的能力,随着含水量的增加黏着性增强,达到最高时后又逐渐降低,可见土壤含水量过高或过低都会降低黏着性。土壤有机质可降低黏质土壤的黏着性。

3. 土壤胀缩性　土壤吸水体积膨胀,失水体积变小,冻结体积增大,解冻后体积收缩这种物质,成为土壤的膨胀性。影响胀缩性的主要因素是土壤质地、黏土矿物类型、土壤有机质含量、土壤胶体上代换性阳离子种类以及土壤结构等。一般具有胀缩性的土壤均是黏重而贫瘠的土壤。

(二)土壤耕性

1. 衡量耕性好坏的标准　土壤耕性是指耕作时土壤所表现出来的一系列物理性和物理机械性的总称。土壤耕性的好坏可以从三个方面来衡量:耕作的难易程度;耕作质量的好坏;耕期的长短。

(1)耕作的难易程度:农民把耕作难易程度判断为耕性好坏的首要条件,是指耕作阻力的大小,耕作阻力越大,越不易耕作。凡是耕作时省工省力易耕作的土壤,群众称之为"土轻"、"口紧"等。一般砂质土和结构良好的壤土易耕作,耕作阻力小;而缺乏有机质、结构不良的黏质土其黏结性、黏着性强,耕作起来困难。

(2)耕作质量的好坏:耕作质量的好坏是指土壤耕作后所表现出来的土壤状况。凡是耕后土壤松散容易耙碎、不可坷垃、土壤疏松、孔隙状况良好、有利于种子发芽、出土及幼苗生长的称之耕作质量好,反之,耕作质量差。一般土壤粘结性和可塑造性强,且含水量在塑性范围内的,则土壤耕作质量差,反之,则相反。

(3)宜耕期的长短:宜耕期是指适合耕作的土壤含水量范围。一般来说,适耕期长的土壤耕性好,耕性不良的土壤宜耕期最短,适耕期应选择在土壤含水量低于可塑下限或高于可塑上限,前者称之为干耕,后者称之为湿耕。

2. 影响土壤耕性的因素　如前所述,土壤水分含量影响到土壤物理机械性,从而影响土壤耕性。土壤质地与耕性的关系也很密切。黏重的土壤其粘结性、黏着性和可塑性都比较强,平时表现极强粘结性,水分稍多时又表现黏着性和可塑性,因而宜耕期范围窄。对于不同土壤质地的宜耕期来讲,砂土较长、壤土其次、黏土最短。

3. 改善土壤耕性的措施　改善土壤耕性可以从掌握耕作时土壤适宜含水量,改良土壤质地、结构,提高土壤有机质含量等方面入手。

(1)增施有机肥料:增施有机肥料可提高土壤有机质含量,从而促进有机无机符合胶体与团粒结构的形成,降低黏质土壤的粘结性、黏着性,增强沙质土的粘结性、黏着性,并使土壤疏松多孔,因而改善土壤耕性。

(2)掌握耕作时土壤适宜含水量:我国农民在长期的生产实践中总结出许多确定适耕期的简便方法,如北方旱地土壤宜耕的状态是:一是眼看,雨后和灌溉后,地表呈"喜鹊斑",即外白里湿,黑白相间,出现"鸡爪裂纹"或"麻丝裂纹",半干半湿状态是土壤的宜耕状态。二是犁试,用犁试耕后,土垡能被抛散而不粘附农具,即出现"犁花"时,即为宜耕状态。三是手感,扒开二指表土,取一把土能握紧成团,且在一米高处松手,落地后散碎成小土块的,表示土壤处于宜耕状态,应及时耕作。

(3)改良土壤质地:黏土掺沙,可减弱黏重土壤的粘结性、黏着性、可塑性和起浆性;砂土掺粘,可增加土壤的粘结性,并减弱土壤的淀浆板结性。

(4)创造良好的土壤结构性:良好的土壤结构,如团粒结构,其土壤的粘结性、黏着性、可塑性减弱,松紧适度,通气透水,耕性良好。

(5)少耕和免耕:少耕是指对耕翻次数或强度比常规耕翻少的土壤耕作方式,免耕是指基本上不对土壤进行翻耕,而直接播种作物的土壤利用方式。

四、土壤的酸碱性与缓冲性

土壤酸碱性又称土壤溶液的反应,即溶液中 H^+ 浓度和 OH^- 浓度比例不同而表现出来的酸碱性质。土壤酸性或碱性通常用土壤溶液的 pH 值来表示。土壤的 pH 值表示土壤溶液中 H^+ 浓度的负对数值,$pH=-lg[H^+]$。我国一般土壤的 pH 值变动范围在 4~9,多数土壤的 pH 值在 4.5~8.5,极少有低于 4 或高于 10 的。"南酸北碱"就概括了我国土壤酸碱反应的地区性差异。我省土壤 pH 值一般在 5.0~8.0,有一定地理分布规律。从山区到河谷,从平原至滨海,pH 值逐渐增大。丘陵山地土壤除部分受母质影响而呈中性-碱性外,大多为酸性-强酸性。河谷及平原区土壤为酸性-中性。滨海地带土壤受母质影响土壤中含石灰,为碱性土。

(一)土壤酸性

土壤中 H^+ 的存在有两种形式,一是存在于土壤溶液中,二是吸收在胶粒表面。因此,土壤酸度可分为两种基本类型。

1. 活性酸度　活性酸是由土壤溶液中氢离子浓度直接反映出来的酸度,又称有效酸度,通常用 pH 值表示。对土壤的理化性质、土壤肥力及植物生长有直接关系。土壤的酸碱性按下表分为七级(表 2-6)。

表 2-6　土壤酸碱度分级

土壤 pH	<4.5	4.5~5.5	5.5~6.5	6.5~7.5	7.5~8.5	8.5~9.5	>9.5
分　级	极强酸性	强酸性	酸性	中性	碱性	强碱性	极强碱性

2. 潜性酸度　致酸离子(H^+、Al^{3+})被交换到土壤溶液中,变成溶液中的 H^+ 时,才会使土壤显示酸性,所以这种酸称为潜性酸。潜性酸度是指土壤胶粒表面所吸附的交换性致酸离子(H^+、Al^{3+})所反映出来的酸度。通常用每 1000g 烘干土中氢离子的厘摩尔数表示,单位为 $cmol(+)/kg$。

根据测定潜性酸度时所用浸提液的不同,将潜性酸度又分为交换性酸度和水解性酸度。用过量的中性盐溶液浸提土壤时,土壤胶粒表面吸附的 H^+、Al^{3+} 被交换出来,这些离子进入土壤溶液后所表现的酸度称为交换性酸度。而用弱酸强碱的盐类如醋酸钠的溶液浸提土壤时,从土壤胶粒上交换出来的 H^+ 和 Al^{3+} 所产生的酸度,称为水解性酸度。

(二)土壤碱性

土壤的碱性主要来自土壤中大量存在的碱金属和碱土金属如钠、钾、钙、镁的碳酸盐和重碳酸盐。我国华北和西北地区的一些土壤 $CaCO_3$ 含量较高,统称为石灰性土壤,土壤 pH 值一般在微碱性(pH7.5~8.5)范围内。

土壤溶液的碱性反应也用 pH 值表示。我国北方石灰性土壤的测定值一般为 pH7.5~8.5,而含有碳酸钠、碳酸氢钠的土壤,pH 值常在 8.5 以上。

土壤的碱性还决定于土壤胶体上交换性 Na^+ 的数量,通常把交换性 Na^+ 的数量占交换性阳离子数量的百分比,称为土壤碱化度。一般碱化度为 $5\%\sim10\%$ 时,称为弱碱性土;大于 20% 时,称碱性土。

(三)土壤酸碱反应与植物生长

1. 影响植物的生长发育 一般植物对土壤酸碱性的适应范围都较广,对大多数植物来说在 pH6.5～7.5 的中性土壤中都能正常生长发育。但也有些植物对酸碱性要求比较严格,能起到指示土壤酸碱性的作用,故称为指示植物。如映山红、马尾松、铁芒萁等都是酸性土壤指示植物。土壤溶液的碱性物质会使植物细胞原生质溶解,破坏植物组织。酸性较强也会引起原生质变性和酶的钝化,影响植物对养分的吸收;酸度过大时,还会抑制植物体内单糖转化为蔗糖、淀粉及其他较复杂的有机化合物的过程。

2. 影响土壤养分的固定、释放和淋失 土壤酸碱性对土壤养分状况会产生重要影响,主要表现在影响土壤养分的固定和释放,即影响养分的有效性,此外还会影响土壤养分的淋失。土壤养分的有效性受土壤酸碱性变化的影响很大,土壤磷素在酸性土壤中与铁、铝等形成不溶性沉淀,固定而失去有效性,在石灰性土壤中又会被钙固定,只有在近中性土壤中磷的固定少,有效性。铁、锰、硼、铜、锌等在石灰性土壤中也易产生沉淀而降低有效性,在酸性土壤中它们一般呈可溶态,因而有效性大。而钼在酸性土壤中由于与铁、铝结合形成不溶性沉淀,而降低了有效性。酸性土中钙、镁、钾淋失多,对植物供应不足。

3. 影响土壤微生物活性 微生物对土壤反应也有一定的适应范围,占土壤微生物数量最多的细菌适宜中性——微碱性土壤,因此,土壤过酸过碱会抑制细菌活性,从而影响土壤养分的转化。

(四)土壤酸碱性的调节

我国北方有大面积的碱性土壤,南方有大面积的酸性土壤。土壤过酸过碱都不利于植物生长,需要加以改良。

南方酸性土壤施用的石灰,大多数是生石灰,施入土壤中发生中和反应和阳离子交换反应。生石灰碱性很强,因此不能和植物种子或幼苗的根系接触,否则易灼烧致死。石灰使用量经验做法是在 pH 值在 $4\sim5$,石灰用量为 $750\sim2250kg/hm^2$;pH 值 $5\sim6$,石灰用量为 $375\sim1125kg/hm^2$。除石灰外,在沿海地区以用含钙质的贝壳灰改良;我国四川、浙江等地也有钙质紫色页岩粉改良酸性土的经验。另外,草木灰既是钾肥又是碱性肥料,可用来改良酸性土。

碱性土中交换性 Na^+ 含量高,生产上用石膏、黑矾、硫磺粉、明矾、腐殖酸肥料等来改良碱性土,一方面中和了碱性;另一方面增加了多价离子,促进土壤胶粒的凝聚和良好的结构的形成。另外,在碱性或微碱性土壤上栽培喜酸性的花卉,可加入硫磺粉、硫酸亚铁来降低土壤碱化,使土壤酸化。

(五)土壤缓冲性

土壤缓冲性是指当酸碱物质加入土壤后,土壤具有抵抗外来物质引起酸碱反应剧烈变化的性能。土壤缓冲性可以稳定土壤的酸碱性,不因施肥、生物活动和有机质分解等原因引起 pH 剧烈变动,为植物和微生物活动创造一个稳定、良好的土壤环境。

土壤的缓冲性有赖于多种因素的作用,它们共同组成了土壤的缓冲体系。

1. 土壤胶体的缓冲作用 加入土壤的酸性或碱性物质可与胶体吸附的阳离子进行交

换,生成水和中性盐,从而使土壤 pH 值不发生很大变化。

2. 弱酸及其盐类的缓冲作用 土壤中存在多种弱酸,如碳酸、磷酸、硅酸、腐殖酸和其他有机酸及其盐类,构成缓冲系统,它们对酸碱有缓冲作用。

3. 土壤中的两性物质作用 如胡敏酸、氨基酸、蛋白质等物质,既能中和酸,又能中和碱,从而起到缓冲作用。

土壤缓冲性大小取决于黏粒含量、无机胶体类型、有机质含量等。土壤质地越细,黏粒含量越高,土壤缓冲性越强;无机胶体缓冲次序是:蒙脱石>水云母>高岭石>铁铝氧化物及其含水氧化物;有机质含量越高,土壤缓冲性越强。在农业生产上,可通用砂土掺淤,增施有机肥料和种植绿肥,提高土壤有机质含量,增强土壤的缓冲性能。

五、土壤的保肥性与供肥性

土壤的保肥性是指土壤吸持和保存植物所需养分的能力。土壤供肥性是指土壤向植物提供有效养分的能力。土壤保肥性与供肥性是相互矛盾,但二者又是对立统一的。一般来说,供肥性强的土壤,其保肥能力也强;但保肥性强的土壤,供肥性不一定强。土壤的保肥性供肥性与土壤胶体、土壤吸收性能有关,而离子交换吸收性能则是其主要机理。

(一)土壤胶体

1. 土壤胶体构造

土壤胶体微粒是土壤中最细微的颗粒(1~100nm)。土壤胶体分散系包括胶体微粒(为分散相)和微粒间溶液(为分散介质)两大部分。胶体微粒在构造上可分为微粒核、双电层(决定电位离子层和补偿离子层)两部分构成。

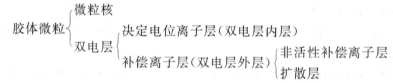

由上可见,胶体微粒是由固相部分的微粒核和由其外部电性相反的双电层所组成。

(1)微粒核:这是胶体的核心和基本物质。主要由腐殖质、无定形的 SiO_2、氧化铝、氧化铁、铝硅酸盐晶体物质、蛋白质分子以及有机无机胶体的分子群所构成。在表层土壤中,它们多以有机无机复合体的形式为主,而在下层土壤中则以无机矿物质为主。

(2)双电层:微粒核表面的一层分子,通常解离成离子,形成符号相反而电量相等的两层电荷,所以称之为双电层。微粒核也可以从周围溶液中吸附离子而形成双电层,因此这一层就包括两部分:决定电位离子层和补偿离子层。

①决定电位离子层。这是固定在核表面决定其电荷和电位的一层离子。电荷的正负决定着微粒核表面可以吸附阴离子还是阳离子,电位的高低决定离子的多少。一般铝硅酸盐和有机胶体带负电,铁胶体多带正电,而铝胶体则都是两性的,视环境 pH 值而定。通常所谈的胶体带电,就是指这层离子所带的电荷,由于微粒核的成分复杂,它所带的电荷有正有负,因此决定电位离子层电动势的高低乃是胶体净电荷多少的反映。一般情况下,带负电的土壤胶体在数量上占优势,所以土壤的净电荷多为净负电荷。

②补偿离子层。这是一些电荷的符号与决定电位离子层相反而电量相等的离子,分布在决定电位离子层的外围。该层离子被吸附力量的大小与离子电荷的数量成正比,而与距

离的平方成反比。这层离子由于距离核表面的远近不同,其所受引力也不同,故其活动能力也有差异,它大致可分成两个亚层:

a. 非活性补偿离子层。这是一层靠近核表面的决定电位离子层,被吸附得很紧,难以解离,无活动性,不起交换作用,由此所吸附的养分亦较难被植物利用。

非活性补偿离子,既然被吸附得相当牢固,它就和微粒核与决定电位离子层成为一个整体活动。通常称为胶粒。因为胶体和周围环境起交换作用时,大都发生在胶粒表面,而不在胶粒内部,故胶粒便作为一个整体被当做胶体起作用的基本单位。

b. 扩散层。这层离子分布在非活性补偿离子层以外,距离决定电位离子层较远,因而被吸附得较松,有较大的活动性,可以和周围环境的离子进行交换,即通常所说的土壤离子交换作用。扩散层中离子的分布也是不均匀的,而是距胶粒愈远愈接近溶液,离子数量愈少,即由这一层逐渐过渡到微粒表面溶液。

2. 土壤胶体种类　根据土壤胶体微粒组成物质的不同,可以将土壤胶体分为三大类:

(1)无机胶体:主要是各种次生铝硅酸盐矿物和铁、铝的含水氧化物或氢氧化物。在数量上无机胶体较有机胶体可高数倍至数十倍,主要为极细微的土壤黏粒。

(2)有机胶体:主要是土壤腐殖质,还有少量的木质素、蛋白质、纤维素等也是胶体物质。作为胶体来讲,它与无机胶体有共性,如颗粒极小,具有巨大的比表面积和带有电荷。此外,有机胶体还有它自己的特点:它是由碳、氢、氧、氮、硫、磷等组成的高分子有机化合物,是无定形的物质,有高度的亲水性,可以从大气中吸收水分子,最大时可达其本身重量的80%～90%。

(3)有机无机复合胶体:在农业土壤的耕作层中,有机胶体一般很少单独存在,绝大部分与无机胶体紧密结合而形成有机无机复合体,又称为吸收性复合体。土壤无机胶体和有机胶体可以通过多种方式进行结合,但大多数是通过二、三价阳离子(如钙、镁、铁、铝等)或功能团(如羧基、醇羟基等)将带负电荷的黏粒矿物和腐殖质连接起来。有机胶体主要以薄膜状紧密覆盖于黏粒矿物的表面上,还可能进入黏粒矿物的晶层之间。通过这样的结合,可形成良好的团粒结构,改善土壤保肥供肥性能和多种理化性质。

3. 土壤胶体的特性

(1)有巨大的比表面和表面能:比表面(简称比面)是指单位重量或单位体积物体的总表面积($cm^2/g,cm^2/cm^3$),次生层状铝硅酸盐矿物具有较大的外表面和内表面;另外,腐殖质胶体是疏松网状结构,具有较大的外表面和内表面,因此,土壤胶体具有巨大的比表面。由于表面的存在而产生的能量称为表面能。这些能量可做功,可吸附外界分子。胶体数量愈多,比面愈大,表面能也愈大,吸附能力也就愈强。因此质地越黏重的土壤,其保肥能力越强,反之亦然。

(2)带有一定的电荷:由于土壤胶体的组成分的特性不同,产生电荷的机制也各异,据此,把土壤胶体电荷分为永久电荷和可变电荷。

①永久电荷。它是由于黏粒矿物晶层内的同晶替代所产生的电荷。由于同晶替代是在黏粒矿物形成时产生在黏粒晶层的内部,这种电荷一旦产生即为该矿物永久所有,因而称为永久电荷。

②可变电荷。电荷的数量和性质随介质 pH 而改变的电荷称为可变电荷。

(3)具有一定的凝聚性和分散性:土壤胶体有两种不同的状态,一种是胶体微粒均匀分散在水中,呈高度分散状态的溶胶;另一种是胶体微粒彼此联结凝聚在一起而呈絮状的凝胶。

土壤胶体溶液如受某些因素的影响,使胶体微粒下沉,由溶胶变成凝胶,这种作用叫做胶体的凝聚作用;反之,由凝胶分散成溶胶,叫做胶体的分散作用。

在土壤中,胶体处于凝胶状态,可以形成水稳性团粒,对土壤理化性质有良好的作用。当土壤胶体成为溶胶状态时,不仅不能形成团粒,而且土壤粘结性、黏着性、可塑性都增大,缩短宜耕期,降低耕作质量。

(二)土壤吸收性能

土壤吸收性能是指土壤能吸收和保留土壤溶液中的分子和离子,悬液中的悬浮颗粒、气体以及微生物的能力。这种能力在土壤肥力和性质上起着极为重要的作用。首先,施入到土壤中的肥料,无论是有机的或无机的,还是固体、液体或气体等,都会因土壤吸收能力而被较长久的保存在土壤中,而且还可随时释放供植物利用,所以土壤吸收性与土壤的保肥供肥能力关系非常密切。第二,影响土壤的酸碱度和缓冲能力等化学性质。第三,土壤结构性、物理机械性、水热状况等都直接或间接与吸收性能有关。因此土壤吸收性能的作用是多方面的,其中最主要的是在土壤保肥能力的大小、供肥程度的难易方面起决定性作用,因此,土壤吸收性能亦称土壤吸收保肥性能。

按照土壤吸收性能产生的机制,分为以下五种类型:

1. 机械吸收性能 机械的吸收是指土壤对物体的机械阻留,如施用有机肥时,其中大小不等的颗粒均可被保留在土壤中,污水、洪淤灌溉等其土粒及其他不溶物也可因机械吸收性而被保留在土壤中。这种吸收能力的大小主要决定于土壤的孔隙状况,孔隙过粗,阻留物少,过细又造成下渗困难,易于形成地面径流和土壤冲刷。故土壤机械吸收性能与土壤质地、结构、松紧度等情况有关。

2. 物理吸收性能 这种吸收性能是指土壤对分子态物质的保持能力。由于土壤胶体具有巨大的表面能,对外界其他物质表现有剩余的分子引力,为了减少表面能以达到稳定状态,土壤会自发地吸附一些分子态物质,如有机肥料中的有机分子(马尿酸、尿酸、糖类、氨基酸等)、CO_2、NH_3等气体分子。土壤吸附细菌也是一种物理吸附。这种性能能保持一部分养分,但能力不强。

3. 化学吸收性能 化学吸收性能是指易溶性盐在土壤中转变为难溶性盐而沉淀保存在土壤中的过程,这种吸收作用是以纯化学作用为基础的,所以叫做化学吸收性。例如,可溶性磷酸盐可被土壤中的铁、铝、钙等离子所固定,生成难溶性的磷酸铁、磷酸铝或磷酸钙,这种作用虽可将一些可溶性养分保存下来,减少流失,但却降低了养分对植物的有效性。因此,通常在生产上应尽量避免有效养分的化学吸收作用发生,但在某些情况下,化学吸收也有好处,如嫌气条件下产生的 H_2S 与 Fe^{2+},生成 FeS 沉淀,可消除或减轻 H_2S 的毒害。

4. 物理化学吸收性能 物理化学吸收性是指土壤对可溶性物质中离子态养分的保持能力,也称离子交换吸收作用。由于土壤胶体带有正电荷或负电荷,能吸附溶液中带异号电荷的离子,这些被吸附的离子又可与土壤溶液中的同号电荷的离子交换而达到动态平衡。这一作用是以物理吸附为基础,而又呈现出化学反应相似的特性,所以称之为物理化学吸收性或离子交换作用。土壤中胶体物质愈多,电性愈强,物理化学吸收性也愈强,则土壤的保肥性和供肥性就愈好。因此,它是土壤中最重要的一种吸收性能。

5. 生物吸收性能　生物吸收性是指土壤中植物根系和微生物对营养物质的吸收,这种吸收作用的特点是有选择性和创造性的吸收,并且具有累积和集中养分的作用。生物的这种吸收作用,无论对自然土壤或农业土壤,在提高土壤肥力方面也有着重要的意义。

总之,上述 5 种吸收性能不是孤立的,而是互相联系、互相影响的,同样都具有重要的意义。

（三）离子交换吸收

土壤离子交换可分为两类:一类为阳离子交换作用,另一类为阴离子交换作用。前者为带负电胶体所吸附的阳离子与 溶液中的阳离子进行交换;后者为带正电胶体吸附的阴离子与溶液中阴离子互相交换的作用。离子交换具有等价交换和可逆反应的特点。

1. 土壤阳离子交换作用　土壤胶体通常带有大量负电荷,因而能从土壤溶液中吸附阳离子,以中和电荷,被吸附的阳离子在一定的条件下又可被土壤溶液中其他阳离子从胶体表面上交换出来,此即阳离子交换作用。例如,土壤胶粒上原来吸附着 Ca^{2+},当施入氯化钾肥后,Ca^{2+} 可被 K^+ 交换出来进入溶液,而 K^+ 则被土壤胶粒所吸附。其反应式如下:

$$\boxed{土壤胶粒}\ Ca^{2+} + 2KCl \Longrightarrow \boxed{土壤胶粒}^{K^+}_{K^+} + CaCl_2$$

2. 阳离子交换能力　阳离子交换能力是指一种阳离子将胶体上另一种阳离子交换出来的能力。各种阳离子交换能力大小的顺序为:

$$Fe^{3+} > Al^{3+} > H^+ > Ca^{2+} > Mg^{2+} > NH_4^+ > K^+ > Na^+$$

交换能力还受到离子浓度的影响,交换能力弱的离子,若溶液中浓度增大,也可将交换力强的离子从胶体上交换出来,在施肥、酸性土壤改良中均可运用此规则。

3. 土壤阴离子交换作用　是指土壤中带正电荷胶体吸附的阴离子与土壤溶液中阴离子相互交换的作用。常见阴离子交换吸收力的大小顺序如下:

$$Cl^-、NO_3^- < SO_4^{2-} < PO_4^{3-} < OH^-$$

土壤中的阴离子根据被土壤吸收的难易分为 3 类:

（1）易于被土壤吸附的阴离子:如硅酸根（$HSiO_3^-$、SiO_3^{2-}）、磷酸根（PO_4^{3-}、$H_2PO_4^-$、HPO_4^{2-}）及某些有机酸的阴离子。此类阴离子常和阳离子起化学反应,产生难溶性化合物。

（2）很少或不被吸附的阴离子:如氯离子（Cl^-）、硝酸根离子（NO_3^-）、亚硝酸根离子（NO_2^-）等。由于它们不能和溶液中的阳离子形成难溶性盐类,而且不被土壤带负电胶体所吸附,甚至出现负吸附,极易随水流失。

（3）介于上述两者之间的阴离子:如硫酸根离子（SO_4^{2-}）、碳酸根离子（CO_3^{2-}）、碳酸氢根离子（HCO_3^-）及某些有机酸的阴离子,土壤吸收它们的能力很弱。

任务实施

一、土壤容重和孔隙度的测定——环刀法

土壤孔隙性是土壤的重要物理性质之一,孔隙度是度量土壤孔隙多少的指标。土壤孔隙度一般不能直接测定,而是由土壤密度和容重计算得来的。测定土壤容重可以反映土壤的松紧状况,并为计算土壤孔隙度提供必要的数据。土壤容重也是计算单位面积上一定深度的土壤质量和计算土壤水分、养分含量必不可少的数据。

（一）任务目的

掌握容重的定义及测定方法。借助容重,了解土壤的孔隙度、松紧度和结构性,并能根据测定结果进行有关计算。

（二）方法原理

利用一定体积的环刀切割未搅动的自然状态的土样,使土样充满其中,并于烘箱中烘至恒重,量取环刀的直径与高,即可计算出土壤的容重。

（三）材料与用具

环刀、废环刀、铁锹、削土刀、烘箱、托盘天平、尺子、凡士林。

（四）操作规程

记录环刀的号码,带上削土刀、铁锹、环刀和废环刀,到指定的田间采样,去除土壤表面植被,将采样环刀放置于土壤表面,刀口朝下,废环刀刀口朝上,用力将两个环刀垂直压入土体中,用铁锹挖出两个环刀,小心去掉废环刀,用削土刀削去环刀外面和两端多余的土壤,使土壤正好充满环刀,带回实验室,用托盘天平称重,于 $105\pm2℃$ 的烘箱中烘至恒重,再称重,弃去烘干土,称出环刀质量,量取直径和高,最后,用削土刀挑取少量凡士林均匀地涂抹在环刀里面和外面,可防止环刀生锈。

（五）原始数据记录

环刀号码	$W_1(g)$ （环刀+原状土）	$W_2(g)$ （环刀+烘干土）	$W_3(g)$ 环刀	$h(cm)$ 环刀高	$d(cm)$ 环刀直径

（六）计算

1. 容重计算

$$土壤容重=\frac{环刀中烘干土重}{环刀体积}$$

2. 总孔隙度计算

$$总孔隙度(\%)=\left(1-\frac{土壤容重}{土壤密度}\right)\times100\%$$

二、土壤酸碱度测定——比色法和电位法

土壤酸碱性是土壤的重要化学性质,它对土壤养分的存在状况、转化及有效性,对土壤中微生物的活动及植物的生长发育都有很大影响。因此,土壤酸碱性的测定对土壤的合理利用改良,都有重要意义。

（一）任务目的

掌握不同的方法测定土壤 pH,确定土壤的酸碱度等级,有利于合理利用土壤。

（二）方法原理

比色法:利用不同染料指示剂在不同的 pH 范围条件下解离显色,用测定颜色与标准色阶进行对比确定土壤 pH。

电位法:用水浸提液或土壤悬液测定 pH 值时,应用指示电极和另一参比电极测定该试液或悬液的电位差。由于参比电极的电位是固定的,因而该电位差的大小取决于试液中的氢离子活度,在酸度计上可直接读出 pH 值。

（三）材料用具

不同的土样、酸度计、pH4～8 指示剂、pH7～9 指示剂、比色卡、白瓷比色盘。

（四）操作规程

1. 比色法

取土样黄豆大小左右,置于白瓷比色盘中,用数滴 pH4～8 指示剂全部浸润土壤,略有液体流出为度,轻敲白瓷比色盘一侧,使其充分反应,静置 1～2min,倾斜瓷盘,将下部清液的颜色与标准比色卡进行比色,确定土壤的 pH 值。如果测定值≥7,则重新取土样,用 pH 7～9 指示剂重复上述步骤。

2. 电位法

（1）仪器校准。

（2）测定:称＜1mm 风干土样 5.00g,放入 50mL 烧杯中,加入蒸馏水 25mL,用玻璃棒搅拌 1min,使土体充分散开,放置半小时,将复合电极插入土壤悬液中,保证多孔陶瓷芯浸入悬液,但不要使电极触及杯底,防止损坏电极。轻轻摇动使电极与液体平衡。读数。

（3）每测定一个样品,洗净电极,数个样品后重新校正电位计。

（4）使用完毕,保存好电极。切断电源。

（五）原始数据记录

土样	＜1mm 土样	义乌山地土	平湖九龙山泥	平湖盐土
pH(比色法)				
pH(电位法)				

任务四　土壤环境的调控

技能点

采取措施调控栽培植物的不同的土壤环境。

知识点

1. 理解苗圃土壤环境的调控。
2. 理解设施栽培土壤环境的调控。
3. 理解城市园林土壤环境的调控。
4. 了解土壤污染与防治。

任务提出

通过前面几个任务的学习,我们已经了解了土壤的基本组成、土壤的物理化学性质以及如何调整土壤的不良性质,那么在不同栽培环境中的土壤又如何进行调控呢?

任务分析

本次任务结合专业的特点,采取不同的措施调控苗圃用土、设施栽培用土以及城市园林土壤,使其更能适合不同植物的要求。同时,了解土壤的污染与防治,树立保护土壤资源的意识。

相关知识

一、园林苗圃的土壤管理

(一)园林苗圃的用地选择

苗圃是培育苗木的场所,苗圃地的好坏直接影响到所育苗木的产量和质量。苗木苗圃用地所需要的条件通常有以下几个方面。

1. 苗圃的位置　首先要选择交通便利,靠近铁路、公路或水路的地方,以便于苗木和生产物资的运输。其次,苗圃地应设立在苗木需求中心,这样可以减少运输过程中苗木失水而导致的苗木质量降低。另外还应该注意尽量远离污染源。

2. 地形地势　苗圃地应该选择背向向阳、排水良好、地势平坦的开阔地带。其坡度一般不应超过 3°,坡度过大容易造成水土流失,使土壤肥力下降。

3. 土壤　苗圃地土壤好坏直接影响着苗木的营养条件。园林苗圃选址要具有长期观念。根据园林苗圃作物生长周期的需要,选择深厚、肥沃和具有水浇条件的土壤,而荒地、板结、漏肥漏水或盐碱含量过重的土壤不宜选用。

苗木适宜生长于具有一定的肥力的砂质壤土或轻黏质土壤中。过于黏重的土壤的通气性和排水都不良,有碍其根系的生长,且雨后容易板结,过于干旱易龟裂,不仅耕作困难,而且冬季苗木冻拔现象严重;过于砂质的土壤疏松,肥力低,保水力差,夏季表土高温易灼伤幼苗,移植时土球易松散。

土壤的酸碱度对苗木的生长影响很大,不同树种对酸碱度的适应范围不同,在培育苗木时必须考虑树种适生的 pH 值范围,一般针叶树种苗木适宜的 pH 值在 5~7;阔叶树种苗木适宜的 pH 值在 6~8。

(二)园林苗圃的土壤耕作

耕地作为一种农事活动又叫做整地,是土壤耕作的主要环节。

1. 耕地深度　耕地的深度对耕地的各项效果有直接的影响。一般播种育苗,播种区的耕地深度以 20~25cm 为宜;扦插苗、移栽苗因根系的分布较深,耕地深度以 25~35cm 为宜。耕地的深度还要考虑气候和土壤条件,在气候干旱的条件下宜深,在湿润的条件下可浅一些;土壤较黏的圃地宜深,砂土宜浅;秋耕宜深,春耕宜浅。

2. 耕地时间和季节　耕地一般在春秋两季进行。土壤持水量在 $40\% \sim 60\%$ 时为耕地最适宜时间。因为此时土壤可塑性、凝聚力、黏着力和阻力最小。土壤经深耕以后,若过于松散,其毛细管作用被破坏,根系吸水就困难,所以耕后必须适度镇压土壤。

（三）覆盖保墒

为了保蓄土壤水分,减少灌溉量,同时也防止水分蒸发引起的土壤板结,因此有必要采取覆盖措施。播种后用稻草等覆盖物进行覆盖,能保持土壤水分,防止板结,促使种子发芽整齐。尤其在北方地区,对于小粒种子的树种,除了灌足底水外,播后均应进行覆盖,以利出苗。

覆盖应就地取材,以经济实惠为原则。要注意不能引来病虫害,不妨碍灌水时水分渗入土壤;重量较轻,不会压坏幼苗又便于运输。一般只要稀疏的覆上一层覆盖物,使土面似见非见,就可起到良好的保墒作用。在种子发芽时,应注意及时撤除覆盖物,并进行松土,以保证苗床中的水分。

现用的覆盖材料有塑料薄膜、秸秆、稻草、苔藓、树木枝条以及腐殖质土和泥炭等。

（四）中耕除草

中耕除草可以疏松表层的土壤,减少土壤水分的蒸发,增加土壤的保水蓄水能力,促进土壤空气流通,提高土壤中有效养分的利用率,从而促进苗木根系的生长。

中耕除草该工作主要集中于苗木生长的前期。松土,一般结合除草,在降雨和灌溉后及土壤板结的情况下进行。松土,一般每年 $4 \sim 6$ 次,灌溉条件差应增加次数。松土深度,以不伤苗木根系为原则。方法如下。

1. 一般而言,针叶树苗,小苗宜浅;阔叶树苗,大苗宜深;株间宜浅;行间宜深。出苗初期,一般松土、盖土,以增强苗木的抗逆力。

2. 撒播苗及条播苗等,应在雨后旱前及灌溉、间苗、施肥、拔草等作业后,结合清沟,及时进行松土、盖土,以增强苗木的抗逆力。

一年中的深中耕通常结合施用基肥进行,以利于根系生长和树势恢复。

（五）合理灌溉

调节水分是播种管理的关键。土壤中有机物的分解,苗木对营养的吸收等都与土壤的水分有关。特别是在幼苗期,苗木对水分的要求极其严格,略有缺水即容易发生萎蔫现象,水分过多则易发生烂根。所以灌溉时要注意以下两个方面:

1. 土壤水分要适宜,过多过少都会影响苗木的生长发育。

2. 灌溉的时间、数量及次数,应根据不同树种的特性、苗木的生长期、土壤特点和气候条件等具体情况而确定。

常用的灌溉方法有地面灌溉、喷灌和滴管三种。

二、设施园艺土壤的管理

（一）设施栽培土壤的特性

园艺设施如温室、塑料大棚,一般温度较高,空气湿度大,气体流动性差,光照较差;而作物种植茬次多,生长期长,故施肥量大,根系残留量也较多,因而使得土壤环境与露地土壤很不相同,影响设施栽培植物的生长生育。将保护地土壤的特性与自然土壤和露地耕作土壤

比较,其主要有以下特性:

1. **次生盐渍化**　由于温室是一个封闭(不通风)的或半封闭(通风时)的空间,自然降水受到阻隔,土壤受自然降水自上而下的淋溶作用几乎没有,使土壤中积累的盐分不能被淋洗到地下水中。

由于室内温度高,作物生长旺盛,土壤水分自下而上的蒸发和作物蒸腾作用比露地强,根据"盐随水走"的规律,这也加速了土壤表层盐分的积聚。

此外,如果在施肥量超过植物吸收量时,肥料中的盐分在土壤中越聚越多,也会形成土壤的次生盐渍化。设施生产多在冬、春寒冷季节进行,土壤温度也比较低,施入的肥料不易分解和被作物吸收,也容易造成土壤内养分的残留。人们盲目认为施肥越多越好,往往采用加大施肥量的办法以弥补地温低、作物吸收能力弱的不足,结果适得其反。当其铵态氮浓度过高时危害最大。由于设施土壤培肥反应比露地明显,养分积累进程快,所以容易发生土壤次生盐渍化。并且土壤养分也不平衡,一些生产年限较长的温室或大棚,因养分不平衡,土壤中 N、P 浓度过高,导致 K 相对不足,Zn、Ca、Mg 也缺乏,所以温室番茄"脐腐"果高达 $70\%\sim80\%$,果实风味差,病害也多,这与土壤浓度障碍导致自身免疫力下降有关。

2. **有毒气体增多**　在设施农业土壤上栽培植物时,栽培者会向土壤中施用大量铵态氮肥,由于室内温室较高,很容易使铵态氮肥气化而形成 NH_3,NH_3 浓度过高,会使植物茎叶枯死。在土壤内通气条件好时,氨于 1 周左右会氧化产生 NO_2,同时,施入土壤中的硝态氮肥,如通气不良,也会被还原为 NO_2。NO_2 含量过高,植物叶片将会中毒,出现叶肉漂白,影响植物的正常生长。一般的测定方法为:用 pH 试纸在棚顶的水珠上吸收,若试纸显蓝色,说明设施内存在的气体为 NH_3;若试纸呈红色,则说明室内气体是 NO_2。此外,土壤中含有的硫和磷等物质在通气不良是会产生 H_2S、PH_3 等有害气体,也会对植物产生毒害作用。

3. **高浓度 CO_2**　微生物分解有机质的作用和植物根系的呼吸作用会使室内 CO_2 显著提高,如其浓度过高,会影响室内 CO_2 的相对含量。但是 CO_2 可以提高土壤的温度,冬季也可为温室提高温度。CO_2 也是植物光合作用的碳源,可以提高植物光合作用的产量。

4. **病虫害发生严重**　在设施生产中,设施一旦建成,就很难移动,连作的现象十分普遍,年复一年的种植同一种植物。加之保护地环境相对封闭,温暖潮湿的小气候也为病虫繁殖、越冬提供了条件,使设施地内作物的土传病害十分严重,类别较多,发生频繁,危害严重,使得一些在露地栽培可以消灭的病虫害,在设施内难以绝迹,例如根际线虫,温室土壤内一旦发生就很难消灭,黄瓜枯萎病的病原菌孢子是在土壤中越冬的,设施土壤环境为其繁衍提供了理想条件,发生后也难以根治。过去在我国北方较少出现的植物病害,有时也在棚室内发生。

5. **土壤肥力下降**　设施内作物栽培的种类比较单一,为了获得较高的经济效益,往往连续种植产值高的作物,而不注意轮作倒茬。久而久之,使土壤中的养分失去平衡,某些营养元素严重亏缺,而某些营养元素却因过剩而大量残留于土壤中,露地栽培轮作与休闲的机会多,上述问题不易出现。设施内土壤有机质矿化率高,N 肥用量大,淋溶又少,所以残留量高。调查结果表明,使用 $3\sim5$ 年的温室的表土的盐分可达 200mg/kg 以上,严重的达 $1\sim2g/kg$,已达盐分危害浓度低限($2\sim3g/kg$)。设施内土壤全 P 的转化率比露地高 2 倍,对 P 的吸附和解吸量也明显高于露地,P 大量富集(可达 1000mg/kg 以上)。最后导致 K 的含量相对不足,K 失衡,这些都对作物生育不利。

由于保护地内不能引入大型的机械设备进行深耕翻,少耕、免耕法的措施又不到位。连年种植会导致土壤耕层变浅,发生板结现象,团粒结构破坏、含量降低,土壤的理化性质恶化。并且由于长期高温高湿,有机质转化速度加快,土壤的养分库存数量减少,供氮能力降低,最终使土壤肥力严重下降。

（二）设施土壤管理

设施土壤管理的首要问题是整地。整地一般要在充分施用有机肥的前提下,提早并连续进行翻耕、灌溉、耙地、起垄和镇压等各项作业,有条件的最好进行秋季深翻。整地作畦最好能做成"圆头形",也就是畦或垄的中央略高,两边呈缓坡状而忌呈直角,这样有利于地膜覆盖栽培。畦或垄以南北方向延长为宜。当畦或垄做好后,不要随意踩踏。畦或垄的高度一般条件下为10～15cm,过高影响灌水,不利于水分横向渗透。在较干旱的大面积地块中,应该在畦或垄分段打埂,以便降雨时蓄水保墒。整地时,土壤一定是细碎疏松,表里一致。畦或垄做好后要进行1～2次轻度镇压,使表里平整,有利于土壤毛细管水和养分上升。

在保护地栽培条件下,可以通过以下几种方式对土壤进行改良和培肥。

1. 改善耕作制度　换土、轮作和基质栽培是解决土壤次生盐渍化的有效措施之一,但是劳动强度大不易被接受,只适合小面积应用。轮作或休闲也可以减轻土壤的次生盐渍化程度,达到改良土壤的目的,如蔬菜保护设施连续施用几年以后,种一季露地蔬菜或一茬水稻,对恢复地力、减少生理病害和病菌引起的病害都有显著作用。

当设施内的土壤障碍发生严重,或者土传病害泛滥成灾,常规方法难以解决时,可采用基质栽培技术,使得土壤栽培存在的问题得到解决。

2. 改良土壤理化性质　连年种植导致土壤耕层变浅,发生板结现象,团粒结构被破坏,可通过土壤改良提高理化性质,主要有以下几种方法。

（1）植株收获后,深翻土壤,把下层含盐较少的土翻到上层与表土充分混匀。

（2）适当增施腐熟的有机肥,以增加土壤有机质的含量,增强土壤通透性,改善土壤理化性状,增强土壤养分的缓冲能力,延缓土壤酸化或盐渍化过程。

（3）对于表层土含盐量过高或pH值过低的土壤,可用肥沃土来替换。

（4）经济技术条件许可者可开展无土栽培、基质栽培。

3. 以水排盐　合理灌溉降低土壤水分蒸发量,有利于防止土壤表层盐分积聚。设施栽培土壤出现次生盐渍化并不是整个土体的盐分含量高,而是土壤表层的盐分含量超出了作物生长的适宜范围。土壤水分的上升运动和通过表层蒸发是使土壤盐分积聚在土壤表层的主要原因。灌溉的方式和质量是影响土壤水分蒸发的主要因素,漫灌和沟灌都将加速土壤水分的蒸发,易使土壤盐分表层积聚。滴灌和渗灌是最经济的灌溉方式,同时又可防止土壤下层盐分向表层积聚,是较好的灌溉措施。近几年,有的地区采用膜下滴灌的办法代替漫灌和沟灌,对防治土壤次生盐渍化起到了很好的作用。闲茬时,浇大水,使表层积聚的盐分下淋以降低土壤溶液浓度。或夏季换茬空隙,撤膜淋雨或大水浸灌,使土壤表层盐分随雨水流失或淋溶到土壤深层。

4. 科学施肥　平衡施肥减少土壤中的盐分积累,是防止设施土壤次生盐渍化的有效途径。过量施肥是蔬菜设施土壤盐分的主要来源。目前我国在设施栽培尤其是蔬菜栽培上盲目施肥现象非常严重,化肥的施用量一般都超过蔬菜需要量的1倍以上,大量的剩余养分和副成分积累在土壤中,使土壤溶液的盐分浓度逐年升高,土壤发生次生盐渍化,引起生理病害。要解决此问题,必需根据土壤的供肥能力和作物的需肥规律,进行平衡施肥。

　　配方施肥是设施园艺生产的关键技术之一,我国园艺作物配方施肥技术研究要远远落后于大田作物,设施栽培中,花卉与果树配方施肥更少有研究,设施配方施肥技术研究正处于起步阶段,一些用于配方施肥的技术参数还很缺乏。

　　增施有机肥,施用秸秆能降低土壤盐分含量。设施内宜施用有机肥,因为其肥效缓慢,腐熟的有机肥不易引起盐类浓度上升,还可改进土壤的理化性状,使其疏松透气,提高含氧量,对作物根系有利。设施内土壤的次生盐渍化与一般土壤盐渍化的主要区别在于盐分组成,设施内土壤次生盐渍化的盐分是以硝态氮为主,硝态氮占到阴离子总量的50%以上。因此,降低设施土壤硝态氮含量是改良次生盐渍化土壤的关键。

　　施用作物秸秆是改良土壤次生盐渍化的有效措施,除豆科作物的秸秆外,其他禾本科作物秸秆的碳氮比都较大,施入土壤以后,在被微生物分解过程中,其能争夺土壤中的氮素。据研究,1g没有腐熟的稻草可以固定12~22mg无机氮。在土壤次生盐渍化不太重的土壤上,每亩施用300~500kg稻草较为适宜。在施用以前,先把稻草切碎,长度一般应小于3cm。施用时间要均匀地翻入土壤耕层。也可以施用玉米秸秆,施用方法与稻草相同。施用秸秆不仅可以防止土壤次生盐渍化,而且还能平衡土壤养分,增加土壤有机质含量,促进土壤微生物活动,降低病原菌的数量,减少病害。

　　根据土壤养分状况、肥料种类及植物需肥特性,确定合理的施肥量和施肥方式,做到配方施肥。控制化肥的施用量,以施用有机肥为主,合理配施氮、磷、钾肥。化学肥料做基肥时要深施并与有机肥混合施用,作追肥要"少量多次",以缓解土壤中的盐分积累。也可以抽出一部分无机肥进行叶面喷施,即不会增加土壤中盐分含量,又经济合算。

　　5. 定期进行土壤消毒　土壤中有病原菌、害虫等有害生物和微生物,也有硝酸细菌、亚硝酸细菌和固氮菌等有益生物。正常情况下这些微生物在土壤中保持一定的平衡,但连作时,由于作物根系分泌物质的不同或病株的残留,引起土壤中生物条件的变化打破了平衡状况,造成连作的危害。由于设施栽培有一定空间范围,为了消灭病原菌和害虫等有害生物,可以进行土壤消毒。

　　(1)药剂消毒根据药剂的性质,有的需灌入土壤中,也有的晒在土壤表面。使用时应注意药品的特性,兹举几种常用药剂为例加以说明。

　　①甲醛(40%)。甲醛用于温室或温床床土消毒,可消灭土壤中的病原菌,同时也杀死有益微生物,施用浓度为50~100倍。使用时先将温室或温床内土壤翻松,然后用喷雾器均匀喷洒在地面上再稍翻一番,使耕作层土壤都能沾着药液,并用塑料薄膜覆盖地面保持2d,使甲醛充分发挥杀菌作用以后揭膜,打开门窗,使甲醛散发出去,两周后才能使用。

　　②硫磺粉。硫磺粉用于温室及苗床土壤消毒,可消灭白粉病菌和红蜘蛛等。一般在播种后或定植前2~3d进行熏蒸,熏蒸时要关闭门窗,熏蒸一昼夜即可。

　　③氯化苦。氯化苦主要用于防治土壤中的线虫。将苗床土壤堆成高30cm的长条,宽由覆盖薄膜的幅度而定,每30cm注入药剂3~5mL至地面下10cm处,之后用薄膜覆盖7d(夏)或10d(冬),以后将薄膜打开放风10d(夏)或30d(冬),待没有刺激性气味后再使用。本药剂施用后也同时杀死硝化细菌,抑制氨的硝化作用,但在短时间内即能恢复。该药剂对人体有毒,使用时要开窗,使用后密封门窗保持室内高温,能提高药效,缩短消毒时间。

　　上述3种药剂在使用时都需提高室内温度,土壤温度达到15~20℃以上,10℃以下不易气化,效果较差。采用药剂消毒时,可使用土壤消毒机,土壤消毒机可使液体药剂直接注入土壤到达一定深度,并使其汽化和扩散。面积较大时需采用动力式消毒机,按照其运作方式有犁式、凿刀式、旋转式和注入棒式 4 种类型。其中凿刀式消毒机是悬挂到轮式拖拉机上牵引作业的。作业时凿刀插入土壤并向前移动,在凿刀后部有药液注入管将药液注入土壤之中,而后以压土封板镇压覆盖。与线状注入药液的机械不同,注入棒式土壤消毒机利用回转运动使注入棒上下运转,以点状方式注入药液。

(2)高温法消毒

①蒸汽消毒。蒸汽消毒是土壤热处理消毒中最有效的方法,它是以消灭土壤中有害微生物为目的。大多数土壤病原菌用 60℃ 蒸汽消毒 30min 即可杀死。但对于 TMv(烟草花叶病毒)等病毒,其需要 90℃ 蒸汽消毒 10min。多数杂草种子需要 80℃ 左右的蒸汽消毒10min 才能杀死。土壤中除病原菌之外,还存在很多氨化细菌和硝化细菌等有益微生物,若消毒方法不当,也会引起作物生育障碍,必须掌握好消毒时间和温度。

蒸汽消毒的优点是:a. 无药剂的毒害;b. 不用移动土壤,消毒时间短、省工;c. 通气能形成团粒结构,提高土壤通气性、保水性和保肥性;d. 能使土壤中不溶态养分变为可溶态,促进有机物的分解;e. 能与加温锅炉兼用;f. 消毒降温后即可栽培作物。

土壤蒸汽消毒一般使用内燃式炉筒烟管式锅炉。燃烧室燃烧后的气体从炉筒经烟管从烟囱排出。在此期间传热面上受加热的水在蒸汽室汽化,饱和蒸汽进一步由燃烧气体加热。为了保证锅炉的安全运行,应以最大蒸发量要求设置给水装置,蒸汽压力超过设定值时安全阀打开,安全装置起作用。

在土壤或基质消毒之前,需将待消毒的土壤或基质疏松好,用帆布或耐高温的厚塑料布覆盖在待消毒的土壤或基质表面上,四周要密封,并将高温蒸汽输送管放置到覆盖物之下。每次消毒的面积与消毒机锅炉的能力有关,要达到较好的消毒效果,每平方米土壤每小时需要 50kg 的高温蒸汽。目前也有几种规格的消毒机,因有过热蒸汽发生装置,每平方米土壤每小时只需要 45kg 的高温蒸汽就可达到预期效果。根据消毒深度的不同,每次消毒时间的要求也不同。

②高温闷棚。在高温季节,灌水后关好棚室的门窗,进行高温闷棚杀虫灭菌。

(3)冷冻法消毒

把不能利用的保护地撤膜后深翻土壤,利用冬季严寒冻死病虫卵。

6. 种耐盐作物　种植田菁、沙打旺或玉米等吸盐能力较强的植物,把盐分集中到植物体内,然后将这些植物收走,可降低土壤中的盐害。蔬菜收获后种植吸肥力强的玉米、高粱、甘蔗和南瓜等作物,能有效降低土壤盐分含量和酸性,若土壤有积盐现象或酸性强,可选择耐盐力强的蔬菜如菠菜、芹菜、茄子、莴苣等或耐酸力较强的油菜、空心菜、芋头、芹菜,达到吸取土壤盐分、提高土壤 pH 的目的。

三、城市园林土壤的管理

(一)城市园林土壤的特性

1. 土壤无层次　人为活动产生各种废弃物,过去长期多次无序侵入土体。地下施工翻动土壤,破坏了代表土壤肥力的原土壤表层或腐殖层,形成无层次、无规律的土体结构。

2. 土壤密实、结构差　城市土壤有机质含量低、有机胶体少,土体在机械和人的外力作用下,挤压土粒,土壤密实度高,破坏了通透性良好的团粒结构,形成理化性能差的密实、板结的片状或块状结构。

3. 土壤侵入体多　土壤中渗入大量的各种渣砾和地下构成物及管道等,占据地下空间,改变了土壤固、液、气三相组成和孔隙分布状况及土壤水、气、热和养分状况。

4. 土壤养分匮缺　城区内园林植物的枯萎落叶大部分被运走或烧掉,使土壤不能像林区自然土壤那样落叶归根、养分循环。在土壤基本上没有养分补给的情况下,还有大量侵入体占据一定的土体,致使植物生长所需营养面积不足,减少了土壤中水、气和养分的绝对含量。植物在这种土壤上生长,每年都要从有限的营养空间吸取养分,势必使城市土壤越来越贫瘠。

5. 土壤污染　城市人为活动所产生的洗衣水、菜瓜汤、油脂和酸碱盐等物质进入土体内,超过土壤自净能力,造成土壤污染。近年来,一些城市用 $10\%\sim20\%$ 的氯化钠盐作为主要干道的融雪剂,融化的盐水已构成影响限制物生存的新污染源。

(二)城市园林土壤的改良利用

1. 适地适树　根据不同的城市土壤类型所提供的植物生存条件,严格选择适宜和抗逆性强的树种。在紧实土壤或窄分车带上(带宽小于 2m),要选择抗逆性强的树种栽植;绿地渣砾含量 30% 左右的土壤,要植喜气树种而不要植喜水肥树种;在湖边等处地下水位高的绿地上,要选择喜湿树种栽植;在盐碱绿地上(含盐量大于 0.3% 或 pH 大于 8)要选择耐盐碱树种栽植;在楼北面绿地上,要选耐阴、萌动晚的树种栽植。绿化用地在绿化设计时要力求做到适用适树。

2. 改土适树

(1)合理施肥

增加土壤养分为改善城市植物养分贫乏的状况,结合城市土壤改良,进行人工施肥,采取适用于城市植物的施肥器械及施肥方法,增加土壤有机质含量。施肥时间、深度、范围和施肥量等的确定,要以有利于植物根系吸收为宜。还可选栽具有固氮能力的植物以改善土壤的低氮状况。

(2)改善土壤通气状况

①为减少土壤密实对城市植物生长的不良影响,除选择一些抗逆性强的树种外,还有通向土壤中渗入碎树枝和腐叶土等多孔性有机物或混入少量粗砂等,以改善其通气状况。必要时,地下埋设通气管道,安装透气井等。对已种树木的地段,可在若干年内分期改良。在各项建设工程中,应避免对绿化地段的机械碾压,对根系分布范围的地面,应防止践踏。

②园林绿地人行道铺装时,在条件可能的情况下,要改成透气铺装,促进土壤与大气的气体交换。

(3)调节土壤水分

①根据土壤墒情,做到适时浇水,以满足植物对水分的需求。浇水方法,可根据土壤类型确定。保水差的土壤,浇水要少量多次;板结土壤,浇水时应在吸收根分布区内松土筑埝。

②扩大城市地表水面积,减少地面铺装,增加地下水,提高土壤含水量。

(4)为减少城市构筑物对植物生长的不利影响,对植物有限营养面积内的土壤进行分期分段深翻改良和进行根系修剪,选择浅根系地被植物和改进植物配置,以减少共生矛盾。为改进城市街道植物生存空间过于狭小的状况,应合理设计道路断面。

(5)防止危害

①严格控制化雪盐的用量,及时消除融化雪水,严禁将带盐的雪堆放到树木根区;改善

行道树土壤的透气性和水分供应,增施硝态氮、钾、磷、锰和硼等肥料,以利于淋溶和减少对氯化钠的吸收而减轻危害。

②改进现有路牙结构,并将路牙缝隙封严,阻止化雪盐水进入植物根区。

四、土壤污染与防治

随着人类社会对土壤需求的扩展,土壤的开发强度越来越大,向土壤排放的污染物也成倍增加。2000年据农业部统计,我国遭受不同程度污染的农田已达1000万hm^2,有1/5农田受重金属污染,对农田生态系统已造成极大的威胁。土壤污染不但直接表现在土壤生产力的下降,而且还通过土壤—植物—动物—人体之间的生物链,使有害物质富集起来,从而对人类产生严重危害;土壤污染由于得不到及时防治,已成为水和大气污染的来源。据报道,陕西华县瓜坡镇马泉村龙岭居民小组几十年来被癌症所笼罩,全村从1974年以来死亡55人,无一例自然死亡。据化验表明该村土壤污染十分严重,主要污染为铅、砷、镉等重金属元素。由于土壤污染造成饮用水、粮食、蔬菜等严重污染,村民癌症发生率很高。

土壤中污染物的来源具有多元性,主要是工业"三废",即废气、废水、废渣以及化肥农药、城市污染、垃圾等。土壤资源一旦受污染,就很难治理,因此应采取"先防后治,防重于治",对于已污染的土壤要根据实际情况进行治理。

(一)加强对土壤污染的调查和监测

首先要严格按照国家有关污染物排放标准;建立土壤污染监测、预测与评价系统;发展清洁生产工艺,加强"三废"治理,有效地消除、削减控制重金属污染源。

(二)彻底消除污染源

污水必须经过处理后才能进行灌溉,要严格按照国家环保局1985年批准的农田灌溉水质标准执行。污水处理的方法包括:通过筛选、沉淀、污染消化等,除去废水中的全部悬浮沉淀固体的机械处理;将初级处理过的水用活性污泥法或生物过滤池等方法降低废水中可溶性有机物质,并进一步减少悬浮固体物质的二级处理以及化学处理。通过这些过程处理后的水还可通过生物吸收(如水花生、水葫芦等)进一步净化水质。

为防止化学氮肥的污染,应因土因作物施肥,以减少流入江河、湖泊及地下水的化肥数量。为防治农药污染,应尽快筛选高效安全的品种,以取代有致癌作用的品种。严格执行农药安全使用标准,制止滥用,也可及时施用残留农药的微生物降解菌剂,使农药残留降到国标以下。

(三)增施有机肥料及其他肥料

增施有机肥料既能改善土壤理化性状,还能增大土壤环境容量,提高土壤净化能力。特别是受到重金属污染的土壤,增施绿肥、牛粪等有机肥料,可显著提高土壤钝化重金属的能力,从而减弱其对作物的污染。据中国科学院南京土壤研究所在汉沽区的试验,在含汞超过150mg/kg的土壤上,使用有机肥和磷肥,有利于土壤对汞的固定,能在不同程度上降低糙米的含汞量。

(四)铲除表土或换土

挖去污染土层,或用没有污染的客土覆盖在污染层上。据原中国科学院林业土壤研究所在张土灌区的试验,铲除表土5~10cm,可使镉下降20%~30%;铲土15~30cm,镉下降50%左右。

（五）生物措施

这是改良被重金属污染土壤最经济的方法。将污染区改种木本植物，改种棉花、麻类等工业用植物，或改作种子场，以阻止有毒有害物质通过"食物链"进入人体。

（六）采用人工防治措施

一是对于重金属轻度污染的土壤，施用化学改良剂可使重金属转为难溶性物质，减少作物对它们的吸收。酸性土壤施用石灰，可提高土壤的 pH 值，使镉、铜、锌、汞等形成氢氧化物的沉淀。施用硫化钠、硫磺等硫源物质，可使镉、汞、铜、铅等在土壤嫌气条件下生成硫化物沉淀。二是利用植物去除重金属，羊齿类铁角蕨属植物对土壤中金属有较强的吸收凝聚能力，例如对土壤镉中的吸收率可达 10%，连种多年能有效地降低土壤镉金属。三是控制氧化还原条件，土壤氧化还原条件在很大程度上影响重金属变价元素在土壤中的行为。如水田淹灌，氧化还原电位降至 160mV 时，土壤中的还原性硫的最大浓度 200mg/kg，许多重金属都可生成难溶性硫化物而降低其毒性，从而降低危害程度。四是改变耕作制，引起土壤环境条件改变，可消除某些污染物的毒害。据研究，DDT 和六六六农药在棉田中的降解速度缓慢，积累明显，残留量大，棉田改水田后大大加速了 DDT 和六六六的降解。

复习思考题

1. 当地土壤母质主要有哪些类型？其主要特征是什么？

2. 列表比较 3 种质地的肥力特征与农业生产特性。

3. 土壤有机质对植物生长有何作用？如何提高土壤有机质的含量？

4. 土壤通气性对植物生长有何影响？如何改善土壤通气性？

5. 植物生长发育需要具备什么样的土壤孔隙状况？

6. 某土壤容重为 $1.55g/cm^3$，若现在土壤自然含水量为 25%，问此土壤含有的空气容积是否适合一般植物生长？

7. 团粒结构的主要特征是什么？与土壤肥力的关系如何？创造良好结构的主要生产措施是什么？

8. 列表比较 5 种土壤保肥方式的区别与联系（从概念、特征、原因、吸附物质、在生产中的作用诸方面）。

9. 土壤酸性、碱性产生的原因是什么？对土壤肥力和植物生长有何影响？

10. 生产上如何根据实践经验确定土壤的宜耕期？

11. 设施环境条件下土壤怎样培肥？

12. 土壤污染的原因与防治措施有哪些？

学习情境三

植物生长水分环境调控

任务一　水分与植物生长

技能点

根据植物对水分环境的适应进行分类。

知识点

1. 掌握水分对植物生长的影响。
2. 掌握植物对水分环境适应的类型。
3. 了解植物对极端水分环境的抗性。

任务提出

水分对于植物有哪些重要的作用呢？在漫长的进化过程中,植物对水分环境的适应形成了哪些类型？在极端水分环境中植物又是如何来适应的？

任务分析

本次任务主要是通过水分对植物的重要性,了解植物不同的耐水类型与适应极端水分环境的能力。

相关知识

任何植物都离不开水,因为水是植物体的重要组成部分,是其生命活动的必需物质,水对植物的生命具有决定性作用。

一、水分对植物生长的影响

（一）水是细胞原生质的重要成分

原生质含水量 70%～80% 以上才能保持代谢活动正常进行。随着含水量减少,生命活动逐渐减弱,若失水过多,是会引起其结构破坏,导致植物死亡。

（二）水是代谢过程的重要物质

水是光合作用的主要原料。在呼吸作用以及许多有机物质的合成和分解过程中都必须有水分的参与。没有水,这些重要的生化过程都不能进行。

（三）水是各种生理生化反应和运输物质的介质

植物体内的各种生理变化过程,如矿质元素的吸收、运输,气体交换,光合产物的合成、转化和运输以及信号物质的传导等都需要以水作为介质。

（四）水分使植物保持固有的姿态

植物细胞含有大量水分，可产生静水压，以维持细胞的紧张度，保持膨胀状态，使植物枝叶挺立，花朵开放，根系得以伸展，从而有利于植物捕获光能、交换气体、传粉受精、吸收养分等。

（五）水分具有重要的生态作用

由于水所具有的特殊理化性质，因此，水在植物生态环境中起着特别重要的作用。例如，植物通过蒸腾散热，调节体温，以减少烈日的伤害；水温变化幅度小，在水稻育秧遇到寒潮时，可以灌水护秧；高温干旱时，也可通过灌水来调节植物周围的温度和湿度，改善田间小气候；此外，可以通过水分促进肥料的释放而调节养分的供应速度。

二、植物生长对水分环境的适应

由于长期生活在不同的水环境中，植物会产生固有的生态适应特征。根据水环境的不同以及植物对水环境的适应情况，可以把植物分为水生植物和陆生植物两大类。

（一）水生植物

生长在水体中的植物统称水生植物。水体环境的主要特点是弱光、缺氧、密度大、黏性高、温度变化平缓，以及能溶解各种无机盐等。水生植物对水体环境的适应特点：首先是体内有发达的通气系统，根、茎、叶形成连贯的通气组织，已保证身体各部位对氧气的需要。例如，荷花从叶片气孔进入的空气，通过叶柄、茎进入地下茎和根部的气室，形成了一个完整的通气组织，以保证植物体各部分对氧气的需要。其次，其机械组织不发达甚至退化，以增强植物的弹性和抗扭曲能力，适应于水体流动。同时，水生植物在水下的叶片多分裂成带状、线状，而且很薄，以增加吸收阳光、无机盐和二氧化碳的面积。最典型的是伊乐藻属植物，叶片只有一层细胞。有的水生植物，出现异型叶，毛茛在同一植株上有两种不同形状的叶片，在水面上呈片状，而在水下则丝裂成带状。

水生植物类型很多，根据生长环境中水的深浅不同，可划分为沉水植物、浮水植物和挺水植物3类。

1. 挺水植物　指植物体大部分挺出水面的植物，根系浅，茎干中空。如荷花、香蒲、再力花、千屈菜、花叶水葱、花叶芦竹、黄花鸢尾、梭鱼草（海寿花）等。

2. 浮水植物　指叶片漂浮在水面的植物，气孔分布在叶的上面，微管束和机械组织不发达，茎疏松多孔，根漂浮或伸入水底。包括不扎根的浮水植物（如凤眼莲、浮萍等）和扎根的浮水植物（如睡莲、菱角、眼子菜、芡实、绿狐尾藻等）。

3. 沉水植物　整个植物沉没在水下，与大气完全隔绝的植物，根退化或消失，表皮细胞可直接吸收水体中气体、营养和水分，叶绿体大而多，适应水体中弱光环境，无性繁殖比有性繁殖发达。如金鱼藻、狸藻和黑藻等。

（二）陆生植物

生长在陆地上的植物统称陆生植物，可分为旱生植物、湿生植物和中生植物3种类型。

1. 旱生植物　是指长期处于干旱条件下，能长时间忍受水分不足，但仍能维持水分平衡和正常生长发育的植物。这类植物在形态上或生理上有多种多样的适应干旱环境的特征，多分布在干热草原和荒漠区。根据旱生植物的生态特性和抗旱方式，又可分为多浆液植物和少浆液植物两类。

(1)多浆液植物:又称肉质植物。如仙人掌、番杏、猴面包树、景天、马齿苋等。这类植物蒸腾面积很小,多数种类叶片退化而由绿色茎代行光合作用;其植物体内有发达的贮水组织,植物体的表面有一层厚厚的蜡质表皮,表皮下有厚壁细胞层,大多数种类的气孔下陷,且数量少;细胞质中含有一种特殊的五碳糖,提高了细胞质浓度,增强了细胞保水性能,大大提高了抗寒能力。有人在沙漠地区做过一个实验,把一棵37.5kg重的球状仙人掌放在屋内不浇水,6年后仅蒸腾了11kg水。这类植物在是湿润的温室内盆栽,炎热干旱地带则可露地栽培。

(2)少浆植物:又称硬叶旱生植物。如柽柳、沙拐枣、羽茅、梭梭、骆驼刺、木麻黄等。这类植物的主要特点是:叶面积小,大多退化为针刺状或鳞片状;叶表具有发达的角质层、蜡质层或茸毛,以防止水分蒸腾;叶片栅栏组织多层,排列紧密气孔量多且大多下陷,并有保护结构;根系发达,能从深层土壤内和较广的范围内吸收水分;维管束和机械组织发达,体内含水量很少,失水时不易显出萎蔫的状态,甚至在丧失 1/2 含水量时也不会死亡;细胞液浓度高、渗透压高,吸水能力较强,细胞内有亲水胶体和多种糖类,抗脱水能力也很强。这类植物适于在干旱地区的沙地、沙丘中栽植;潮湿地区只能栽培于温室的人工环境中。

2.湿生植物　指适于生长在潮湿环境,且抗旱能力较弱的植物。根据湿生环境的特点,还可以区分为耐阴湿生植物和吸光湿生植物两种类型。

(1)耐阴湿生植物:也称为阴性湿生植物,主要生长在阴暗潮湿环境里。例如多种蕨类植物、兰科植物,以及海芋、秋海棠、翠云草等植物。这类植物大多叶片很薄,栅栏组织与机械组织不发达,而海绵组织发达,防止蒸腾作用的能力很小,根系浅且分枝少。它们适应的环境光照弱,空气湿度高。

(2)喜光湿生植物:也称为阳性湿生植物,主要生长在光照充足,土壤水分经常处于饱和状态的环境中。例如池杉、水松、灯心草、半边莲、小毛茛以及泽泻等。它们虽然生长在经常潮湿的土壤上,但也常有短期干旱的情况,加之光照度大,空气湿度较低,因此湿生形态不明显,有些甚至带有旱生的特征。这类植物叶片具有防止蒸腾的角质层等适应特征,输导组织也较发达;根系多较浅,无根毛,根部有通气组织与茎叶通气组织相连,木本植物多有板根或膝根。

3.中生植物

是指适于生长在水湿条件适中的环境中的植物。这类植物种类多,数量大,分布最广,它们不仅需要适中的水湿条件,同时也要求适中的营养、通气、温度条件。中生植物具有一套完整的保持水分平衡的结构和功能,其形态结构及适应性均介于湿生植物与旱生植物之间,其根系和输导组织均比湿生植物发达,随水分条件的变化可趋于旱生方向,或趋于湿生方向。

三、植物对极端水分的适应及其抗性

(一)植物对旱生的生态适应

植物对旱生的生态适应有形态结构和生理两个方面,两者有密切关系。抗旱性强的植物或品种往往具有某些形态上与生理上的特征。

1.植物对干旱的形态适应　植物适应于干旱环境的形态特征表现为:一是根系发达,

根扎得深,能有效地利用深层土壤水分,根冠比增加。二是叶细胞较小,细胞间隙也较小,能减轻干旱时细胞脱水的机械损伤。三是气孔密集,输导组织发达,有利于水分运输。四是细胞壁较厚,厚壁的机械细胞也较多。五是叶片表面的角质层和蜡质较厚。

2. 植物对干旱的生理适应　植物适应于干旱环境的生理态特征表现为:一是细胞渗透势低,吸水能力强。二是原生质具较高的亲水性、黏性与弹性,既能抵抗过度脱水又可减轻脱水时的机械损伤。三是缺水时合成反应仍占优势,而水解酶类活性变化不大,减少生物大分子的降解,使原生质稳定,生命活动正常。

植物对干旱的生理适应主要有气孔调节和渗透调节。气孔调节是指植物适应缺水的环境,通过气孔的开关,控制蒸腾作用速率,以减少水分丧失而抵御干旱。渗透调节是指植物在水分胁迫下除去失水被动浓缩外,通过代谢活动提高细胞内溶质浓度、降低水势,也能从外界水分减少的环境中继续吸水,维持一定的膨压,而使植物能进行正常的代谢活动和生长发育。

(二)植物对水涝的生态适应

植物对水分过多的适应能力或抵抗能力叫抗涝性。植物的抗涝性因种类、品种、生育期而不同,油菜比番茄、马铃薯耐涝,而水稻比藕更抗涝;水稻对涝害最敏感的时期是孕穗期,其次是开花期。总起来说,凡是淹水深、时间长、水温高,对植物产生的涝害越大,而植物的抗涝性大小则决定于形态上和生理上对缺氧适应能力。

1. 植物对水涝的形态适应　植物适应于水涝环境的形态特性表现为:抗涝性强的植物(如水稻)与抗涝性弱的植物(如小麦)相比,其体内有发达的通气组织,可以把氧气从叶片输送到根部,即使地下部淹水,也可以从地上部分获得氧气。

2. 植物对水涝的生理适应　植物适应于水涝环境主要是抗缺氧带来的危害。缺氧引起的无氧呼吸使植物体内积累有毒物质,而耐缺氧的植物则能够通过某种生理生化代谢来消除有毒物质,或本身对有毒物质具有忍耐力,因而具有较强的耐涝性。如田茅属在淹水时改变呼吸途径,开始缺氧刺激糖酵解途径,以后磷酸戊塘途径占优势,从根本上消除有毒物质的形成;水稻根内乙醇氧化酶活动性很高以减少乙醇的积累,提高有氧呼吸的能力;玉米根缺氧通过细胞色素 C 的活性提高来维持线粒体膜上的电子传递。

任务二　土壤水分及其调控

技能点

1. 土壤水分的测定。
2. 判断土壤水分状况,采取措施调控土壤水分。

知识点

1. 理解土壤中水分的形态。
2. 掌握土壤水分有效性。

3．掌握土壤水分含量的表达方式。

4．掌握土壤水分的调控措施。

任务提出

土壤中的水分有哪些形态？不同形态的水分植物是否都能吸收利用？如何来表示土壤中水分的含量？可以采取怎样的措施来调控土壤中的水分，使其满足植物生长？

任务分析

土壤水分直接关系到植物生长发育，本次任务在于了解了土壤中不同的水分形态及其有效性之后，可以采取措施来进行土壤水分的调控。

相关知识

土壤水分是自然界水分循环的一个组成部分，它来源于降雨或灌溉水。由于土壤是一个多孔的多相体，当水分进入土体时，就同时受到三种引力即土粒和水界面的吸附力、土体的毛管引力和重力的作用，沿土粒表面和土粒之间的孔隙移动、渗透，并使部分水分保留在土壤孔隙内，也有一部分水在重力的作用下排出土体。

一、土壤水分的类型和性质

（一）土壤吸湿水

固相土粒借其表面的分子引力和静电引力从大气和土壤空气中吸附气态水，附着于土粒表面成单分子或多分子层，称为吸湿水。因其受到土粒的吸力大，该层水分子呈定向紧密排列，密度 $1.2 \sim 2.4 g/cm^3$，平均 $1.5 g/cm^3$，无溶解能力，不能以液态水自由移动，也不能被植物吸收。因此，它是一种无效水。

土壤吸湿水含量的高低主要取决于土粒的比表面积和大气相对湿度，土壤质地愈粘和有机质含量愈高，其比表面积愈大，吸湿水含量愈高；大气相对湿度愈大，吸湿水含量也愈高，当空气相对湿度为 94％～98％时，吸湿水达到最大值，此时的土壤吸湿水量就叫做最大吸湿量。

表 3-1　土壤质地与土壤吸湿水和最大吸湿量

土壤质地	砂土	轻壤土	中壤土	粉砂质黏壤土	泥炭
吸湿水（g/kg）	5～15	15～30	25～40	60～80	180～220
最大吸湿量（g/kg）	＞15	30～50	50～60	80～100	—

（二）膜状水

吸湿水达到最大后，土粒还有剩余的引力吸附液态水，在吸湿水的外围形成一层水膜，这种水分称为膜状水。膜状水所受到的引力比吸湿水要小,其靠近土粒的内层,受到的引力为 3.1MPa;外层距土粒相对较远,受到的引力为 0.625MPa。由于一般植物根系的吸水力平均为 1.5MPa,因此,膜状水的外层部分对植物的有效性高。当土壤水分受到的引力超过 1.5MPa 时,植物便无法从土壤中吸收水分而呈现永久凋萎,此时的土壤含水量就称为凋萎系数。凋萎系数主要受土壤质地的影响,通常土壤质地愈黏,凋萎系数愈大(表 3-2)。当膜状水达到最大厚度时的土壤含水量称为最大分子持水量,它包括吸湿水和膜状水,其数值相当于最大吸湿量的 2~4 倍。

表 3-2 不同质地土壤的凋萎系数

土壤质地	粗砂土	细砂土	砂壤土	壤土	黏壤土
凋萎系数(g/kg)	9~11	27~36	56~69	90~124	130~166

(三)土壤毛管水

当土壤水分含量超过最大分子持水量后,水分不再受土粒引力的作用,可以自由移动。靠毛管力保持在土壤孔隙中的水分称为毛管水。毛管水所受的毛管引力在 0.01~0.63MPa 范围内,远小于植物根系的平均吸水力(1.5MPa),因此它既能保持在土壤中,又可被植物吸收利用。毛管水在土壤中可上下左右移动,并且具有溶解养分的能力,所以毛管水的数量对植物的生长发育具有重要意义。

毛管水的数量主要取决于土壤质地、腐殖质含量和土壤结构状况。通常有机质含量低的砂土,大孔隙多,毛管孔隙少,仅土粒接触处能保持少部分毛管水;而质地过于黏重,结构不良的土壤中,细小的孔隙中吸附的水分几乎全是膜状水;只有砂、黏比例适当,有机质含量丰富,具有良好团粒结构的土壤,其内部发达的毛管孔隙才能保持大量的水分。

根据土层中毛管水与地下水有无连接,通常将毛管水分为:

1. 毛管上升水 是指地下水层借毛管力支持上升进入并保持在土壤中的水分。毛管上升水的上升高度因地下水位的变化而异,地下水位上升,毛管上升水层的高度随之上升;地下水位下降时,毛管上升水的高度也随之下降。此外,毛管上升水的高度还与土壤质地有关,砂土的毛管上升水上升高度低,黏土的上升高度也有限,壤土的毛管水上升高度最大。当毛管上升水达到最大时的土壤含水量称为毛管持水量,它实质上是吸湿水、膜状水和毛管上升水的总和。当地下水位适当时,毛管上升水可达根系分布层,是植物所需水分的重要来源之一;当地下水位很深时,毛管上升水达不到根系分布层,不能发挥补水作用;若地下水位过浅,则易发生渍害;当地下水位中含可溶性盐分较多时,毛管上升水还可引起土壤盐渍化。

2. 毛管悬着水 是指当地下水埋藏较深时,降雨或灌溉水靠毛管力保持在土壤上层未能下渗的水分。它与地下水无联系,因此不受地下水位升降的影响。毛管悬着水是植物所需水分的重要来源,尤其在地下水位较深的地区,这种水分更加重要。

毛管悬着水达到最大时的土壤含水量称为田间持水量。它是农田土壤所能保持的最大水量,也是旱地植物灌溉水量的上限,超过的水分就会受重力的作用流失到下层。通常田间持水量的大小主要取决于土壤孔隙的大小和数量,而孔隙的大小和数量又依赖于土壤质地、腐殖质含量、结构状况和土壤耕耙整地的状况。因此,不同土壤的田间持水量变化范围很大,砂土一般为 160~220g/kg,壤土为 220~300g/kg,黏土为 280~350g/kg。

（四）土壤重力水

土壤重力水是指当土壤水分含量超过田间持水量之后，过量的水分不能被毛管吸持，而在重力的作用下沿着大孔隙向下渗漏成为多余的水。当重力水达到饱和，即土壤所有孔隙都充满水分时的含水量称为土壤全蓄水量或饱和持水量。它是计算稻田灌水定额的依据。

土壤重力水是可以被植物吸收利用的，但由于它很快渗漏到根层以下，因此不能持续被植物吸收利用，且在重力水过多时，土壤通气不良，影响旱植物根系的发育和微生物的活动；而在水田中则应设法保持重力水，防止漏水过快。当重力水流到不透水层时就在那里聚积形成地下水，若地下水埋藏深度适宜，可借助毛管作用满足植物需要；若地下水埋藏深度过浅，可能引起土壤沼泽化或盐渍化。

二、土壤水分的有效性

土壤从干燥状态开始吸收水分，随着其水分含量的增加，土壤水分形态经吸湿水、膜状水、毛管水、重力水。土壤中各种形态的水，并不是都能被植物吸收利用的。其中可以被植物吸收利用的水，称为有效水；不能被植物吸收利用的水，称为无效水。一般情况下，吸湿水为无效水，膜状水和毛管水为有效水，重力水和地下水对于旱生植物而言是无效水。

土壤有效水的多少与土壤质地、有机质的含量有密切关系。一般而言，质地过砂或过黏的土壤，有效水少；壤质土，有机质含量高，结构好的土壤，有效水则多。土壤质地对萎蔫系数和田间持水量均有显著影响，从而也必将影响到土壤最大有效水的含量。

三、土壤水分含量的表示方法

土壤水分含量是研究和了解土壤水分在各方面作用的基础，一般以一定质量或容积土壤中的水分含量表示，常用的表示方法有以下几种：

（一）土壤重量含水量

是指一定重量土壤中保持的水分重量占 1 千克干土重的分数，单位用 g/kg 表示。（也用百分率表示）。在自然条件下，土壤含水量变化范围很大，为了便于比较，大多采用烘干重（指 $105 \pm 2{℃}$ 下烘干土壤样品达到恒重，轻质土壤烘干 8 h 可以达到恒重，而黏土需烘干 16 h 以上才能达到恒重）为基数。因此，这是使用最普遍的一种方法，其计算公式如下：

$$\text{土壤重量含水量(g/kg)} = \frac{W_1 - W_2}{W_2} \times 1000$$

式中：W_1——湿土重量(g)；

W_2——干土重量(g)。

例如，某土壤样品重量为 100g，烘干后土样重量为 80g，则其重量含水量应为 250g/kg，而不是 200g/kg。

（二）土壤容积含水量

尽管土壤重量含水量应用较广泛，但要了解土壤水分在土壤孔隙容积所占的比例，或水、气容积的比例等情况则不方便。因此，需用土壤容积含水量来表示，它是指土壤水分容积与土壤容积之比。常用 Q 表示，单位为 cm^3/cm^3。用百分率表示时，称为容积百分率（$Q\%$）。其计算公式如下：

$$Q = \frac{\text{土壤水分容积}}{\text{土壤容积}}$$

$$Q^* = 土壤重量含水量(g/kg) \times 容重(g/cm^3)$$

例如，某土壤重量含水量为 200g/kg，容重为 1.2g/cm，则该土壤的容积含水率为 24%。若该土壤的总孔隙度为 50%，则空气所占的容积为 26%。该土壤的固、液、气三相比为 50：24：26。

由于灌溉排水设计需以单位体积土体的含水量计算，因此，土壤容积含水量在农田水分管理及水利工程上应用也较广泛。

（三）土壤相对含水量

在生产实际中常以某一时刻土壤含水量占该土壤田间持水量的百分数作为相对含水量来表示土壤水分的多少。

$$土壤相对含水量 = \frac{土壤含水量}{土壤田间持水量} \times 100$$

例如，某土壤田间持水量为 300g/kg，现测得其重量含水量为 200g/kg，则其相对含水量为 66.7%。

相对含水量可以衡量各种土壤持水性能，能更好地反映土壤水分的有效性和土壤水气状况，是评价不同土壤供给植物水分的统一尺度。通常旱地植物生长适宜的相对含水量是田间持水量的 70%～80%，而成熟期则宜保持在 60% 左右。

（四）贮水层厚度（mm）表示

这是指一定深度土层中的水分总量相当于若干水层厚度（mm）。它便于将土壤含水量与降雨量、蒸发散失量和植物耗水量等相比较，以便确定灌溉定额。其换算公式为：

$$水层厚度(mm) = \frac{土壤重量含水量 \times 土壤容重 \times 土层深度(mm)}{1000}$$

四、土壤水分状况与植物生长

（一）植物对土壤水分的需求

1. 水分是植物的重要组成部分　一般植物体内含水约 60%～80%，蔬菜瓜果的含水量高达 90% 以上。水也是光合作用的原料之一，光合产物的运移必须有水分的参与；植物的新陈代谢也必须有水的参与才能进行。植物从土壤中吸收的水分，大部分用于叶面蒸腾而散失热量，以维持植物体温稳定。因此，土壤水分是维持植物正常的生理和生命活动所必需的重要条件。

2. 土壤水分是影响植物出苗率的重要因素　植物种子的吸水量因其大小及淀粉、蛋白质、脂肪的含量不同而异，从而吸水多少及要求适宜的土壤水分也不同。

3. 植物不同生育期对土壤水分的要求不同　一般植物的需水特点是幼苗期需水较少；随着植物的生长需水量逐渐增大，至生育盛期达到最大；随着植物的成熟需水量又减少。若某一生育期土壤缺水，对植物产量影响最为严重，这一时期称为需水临界期，不同植物的需水临界期不同，一般植物掌握苗期与成熟期供水可较少，在需水临界期则应满足植物对土壤水分的要求。

（二）土壤水分影响植物对养分的吸收

土壤水分状况直接影响植物对养分的吸收，土壤中有机养分的分解矿化离不开水分，施入土壤中的化学肥料只有在水中才能溶解，养分离子向根系表面迁移，以及植物根系对养分的吸收都必须通过水分介质来实现。试验证明,当土壤水分含量适宜时,土壤中养分的扩散速率就高,从而能够提高养分的有效性。

五、土壤水分调控措施

土壤水分采取调控措施的目的是保持土壤水分平衡。土壤水分平衡是指在一定时间和一定容积内,土壤水分的收入和支出情况。土壤水分的收入以降雨和灌溉水为主,此外还有地下水的补给和其他来源的水(如水汽凝结、外来径流等)。土壤水分的支出主要有土表蒸发、植物蒸腾、向下渗漏及地表径流损失等。若土壤水分的收入大于支出,则土壤水分含量增加;反之,土壤水分的支出大于收入,则土壤水分含量降低。土壤水分调控就是要尽可能地减少土壤水分的损失,尽量地增加作物对降雨、灌溉水及土壤中原有贮水的有效利用,有时还包括多余水的排除等。通常可采取以下措施。

(一)控制地表径流,增加土壤水分入渗

1. 合理耕翻　　合理耕翻的目的是创造疏松深厚的耕作层,保持土壤适当的透水性以吸收更多的天然降雨和减少地表径流损失。

2. 等高种植,建立水平梯田　　在地面坡度陡、地表径流量大、水土流失严重的地区可采取改造地形、平整土地、等高种植或建立水平梯田等方法,以便减少水土流失。当表土有薄蓄水层时可增加入渗能力,使梯田层层蓄水,坎地节节拦蓄,从而做到小雨不出地,中雨不出沟,大雨不成灾。

3. 改良表土质地和结构　　表土质地黏重、结构不良又缺乏孔隙的土壤,其蓄水能力强,但往往透水性差,若降雨强度超过渗透速率,则水分以地表径流损失。对于此类土壤应采用掺砂与增施有机肥料相结合的方法,大力提倡秸秆还田或留高茬等,以改善土壤结构,增加土壤大孔隙的数量和总空隙度,加强土壤水分的入渗。

(二)减少土壤水分蒸发

1. 中耕除草　　通过中耕既可消灭杂草,减少其蒸腾对水分的散失;又可切断上下土层之间的毛管联系,降低土表蒸发,减少土壤水分损失。

2. 地面覆盖　　在干旱和半干旱地区,可使用地膜、作物秸秆等进行土表覆盖,以减少水分蒸发损失。

3. 免耕覆盖技术与保水剂的施用　　大力推广少、免耕技术,降低土壤水分的非生产性消耗;必要时,使用高分子树脂保水剂也可减少水分的蒸发。

(三)合理灌溉

当土壤水分供应不能满足作物需要时,根据作物需水量的多少及土壤水分含量状况,确定合理的灌溉定额,是土壤水分调节的重要环节。

灌溉的目的是在自然条件下,对整个根层补充水分,使土壤水分含量达到植物生长发育的要求。生产中灌溉的方法依土壤和植物种类选择适宜的灌溉方法。地面平整、质地偏粘的土壤、大田作物和果园可采用畦灌;土壤质地偏砂、土层透水过强或丘陵旱地、菜园地等可选喷灌;设施栽培的蔬菜也可滴灌;水分渗漏过快、深层漏水严重的土壤不宜采用沟灌。

(四)提高土壤水分对作物的有效性

通过深耕结合施用有机肥料,不仅可降低凋萎系数,提高田间持水量,增加土壤有效水的范围;而且还能加厚耕层,促进作物根系生长,扩大根系吸水范围,增加土壤水分对作物的有效性,土壤的贮水能力也增大。

（五）多余水的排除

对于旱生植物而言,土壤水分过多就会产生涝害、渍害。因此必须排除土壤多余的水分,主要包括排除地表积水、降低过高的地下水和除去土壤上层滞水。

任务三　大气水分及其调控

技能点

1. 掌握大气湿度的测定方法。
2. 判断大气水分状况,采取措施调控大气水分。

知识点

1. 了解空气湿度的表示方法与变化规律。
2. 了解水汽蒸发与凝结。
3. 了解降水的原因、类型、表示方法。
4. 理解大气水分调控措施。

任务提出

植物生长与大气水分也是关系密切,那么如何来表述大气水分呢? 为什么会降水? 大气水分又能采取怎样的措施来进行调控?

任务分析

本次任务是了解大气中的水分,以更好地满足植物生长的水分需求。

相关知识

大气中水存在形式有气、液、固三态,也叫水的三相,各相之间能相互转化。通常情况下,水以气态形式存在于大气中,其含量虽微却是大气物理过程中最富于变化的部分。大气中的水分,来源植物通过蒸腾作用向空气中散失水分,江、河、湖、海和土壤中的水分经过蒸发分散大空气中,两者共同组成大气中的水分。大气中水分含量达到一定的程度,便会以雨、雪等形式降落地面,回到土壤当中。

一、空气湿度

(一)空气湿度的表示方法

空气湿度是指表示空气中所含水汽量和空气潮湿程度的物理量。常用水汽压、绝对湿度、相对湿度、饱和差和露点温度来表示。

1. 水汽压(e)与饱和水汽压(E)　水汽压是指空气中水汽所产生的压力,是大气压的一个组成部分。一般来说,空气中水汽含量多,水汽压大;反之,水汽压小。水汽压单位常用百帕(hPa)表示。当温度一定时,单位体积空气中所能容纳的水汽量是有一定限度的,水汽含量达到这个限度,空气便呈饱和状态,这时的水汽压称为饱和水汽压。温度增加(降低)时,饱和水汽压也随之增加(降低)。

2. 绝对湿度(a)　绝对湿度是指单位容积空气中所含水汽的重量,实际上就是空气中水汽密度,单位为 g/cm^3 或 t/m^3。空气中水汽含量越多,绝对湿度越大,绝对湿度能直接表示空气中水汽的绝对含量。

3. 相对湿度(r)　相对湿度是指空气中实际水汽压与同温度下饱和水汽压的百分比,反映当时温度条件下空气的饱和程度。若 $e<E$,$r<100\%$,空气处于不饱和状态;若 $e=E$,$r=100\%$,空气处于饱和状态;若 $e>E$,$r>100\%$,空气处于过饱和状态。因饱和水汽压随温度变化而变化,所以在同一水汽压下,气温升高,相对湿度减少,空气干燥;相反,气温降低,相对湿度增加,空气潮湿。

4. 露点温度(t_d)　露点温度是指当空气中水汽含量和气压不变时,气温降低到空气饱和时的温度,单位℃。对温度相同而水汽压不同的两种情况来说,水汽压较大的,温度降低很少,空气就能达到饱和,因而露点温度较高;水汽压较小的,温度下降幅度大,空气才能达到饱和,因而露点温度较低。因此,气压一定时,露点温度的高低反映了水汽压的大小。

5. 饱和差(d)　饱和差是指某一温度下,饱和水汽压和实际水汽压之差。若空气中水汽含量不变,则温度下降时,饱和水汽压随之减少,使饱和差也减少;反之,则使饱和差增大,当空气达到饱和时,饱和差为零。饱和差表明了空气中水汽距离饱和水汽压的程度。

(二)空气湿度的时间变化

近地面空气湿度有一定的日变化和年变化规律,尤以水汽压和相对湿度最为明显。

1. 水汽压的时间变化　空气中的水汽主要来自地面蒸发、水面蒸发和植物蒸腾。因此,其水汽含量与温度有密切的关系。水汽压的日变化有两种基本形式:一种是单峰型,另一种是双峰型。单峰型的日变化,一日中水汽压最大值出现在气温最高、蒸发最强的时候(14—15 时),最低值出现在气温最低、蒸发最弱的时候(日出之前)。单峰型日变化主要发生在海洋上、潮湿的露地上及乱流交换较弱的季节。双峰型有两个极小值和两个极大值。一个极小值出现在日出之前气温最低的时候;另一个出现在 15—16 时,此时近地面乱流、对流最强,把水汽从低层带到高层使近地层绝对湿度急剧减小。第一个极大值出现在 8—9 时,此时温度不断上升,蒸发增强,而对流尚未充分发展,致使水汽在近地气层积累;第二极大值出现在对流和乱流减弱、地面蒸发出来的水汽又能在低层大气聚集的 20—21 时。双峰型日变化多发生在内陆暖季和沙漠地区。

水汽压的年变化,在陆地上,最大值出现在 7 月,最小值出现在 1 月;在海洋上,最大值出现在 8 月,最小值出现在 2 月。

2. 相对湿度的时间变化　相对时间的变化与气温及大气中的水汽含量有关。在大陆内部,其日变化与气温日变化相反,最大值出现在日出前后气温最低的时候;最小值出现在气温最高的14—15时。而沿海一带,白天的风是由海洋吹向陆地;将大量水汽由海上带到陆地,因此这时相对湿度较高。夜间和清晨,风由陆地吹向海洋,阻止海上湿空气进入陆地,因此相对湿度较低。所以,沿海地区相对湿度的日变化表现为日高夜低,与气温日变化一致。相对湿度的日较差一般陆地大于海洋;内陆大于沿海;夏季大于冬季;晴天大于阴天。

相对湿度年变化,温暖季节相对湿度较小,寒冷季节相对湿度较大。在季风盛行地区,由于夏季风来之海洋的潮湿空气,冬季风来自大陆的干燥空气,因此相对湿度年变化与上述情况相反,最大值出现在下半年的雨季或雨季之前,最小值出现在冬季。

二、水分蒸发

由液态或固态水转变为气态水的过程叫蒸发。江、河、湖、泊、海洋和土壤中的水分都可以通过蒸发向大气中运动,它们是大气中水分的主要来源。

（一）水面蒸发

水面蒸发是一个复杂的物理过程,它受好多气象因子的影响。水温越高,蒸发越快,水温增高,水分子运动加快,逸出水面可能性增大,进入空气中的水分子就多;饱和差大,蒸发就快,表示空气中水汽分子少,水面分子就易逸出跑进空气中;风速越大,蒸发越快,风能使蒸发到空气中的水汽分子迅速扩散,减少了蒸发面附近的水汽密度;气压越低,蒸发越快。水分子逸出水面进入空气中,要反抗大气压力做功,气压越大,汽化时做功越多,水分子汽化的数量就越少。

此外,蒸发还和蒸发面的性质与形状有关,凸面的蒸发大于凹面,凸面曲率越大,蒸发得越快。小水滴表面的蒸发就比大水滴快,纯水面蒸发大于溶液面,过冷却的水面（0℃以下的液态水）大于冰面。

（二）土壤蒸发

土壤水分蒸发过程比较复杂,一般分为3个阶段:

第一阶段:土壤由于降水、灌溉或土壤毛细管吸水作用,表层土壤水分充分湿润时,土壤蒸发主要发生在土表,其蒸发速率与同温度的水面蒸发相似。在这个阶段,可以采取松土的方式切断毛细管,减少蒸发。

第二阶段:此时土壤表层已因蒸发而变干,蒸发面下降。土壤内部蒸发的水汽通过表层土壤的孔隙进入大气。这一阶段土壤蒸发速率已经减少。在这个阶段可采取镇压措施来保墒。

第三阶段:土壤含水量已经很低,植物开始萎蔫,这时土壤毛细管吸水作用已经停止。这个阶段必须及时灌水才能满足植物对水分的需要。

三、水汽凝结

（一）水汽凝结的条件

水由气态转化为液态的过程,称为凝结。大气中水汽发生水汽凝结的条件是:

1. 水汽达到饱和　使大气中水汽达到饱和或过饱和通常有两个途径,一是增加空气中的水汽含量;二是使空气温度降到露点温度或以下。前者如冷空气移到暖水面上,气温在短时间内尚未提高,而水面蒸发使空气水汽含量增加达到饱和状态,因而产生烟雾状凝结物。后者是水汽凝结的主要途径。辐射、平流、混合、绝热上升等过程都会使气温降低到露点以下,使空气达到过饱和状态。

2. 有凝结核存在 实验表明,纯洁的空气,即使温度降低到露点温度以下,相对湿度达到 400%～600% 也不会凝结。但是加入少许尘粒,就会立即出现凝结现象。凡是对水分子有亲和力和吸附力的微粒,如灰尘、烟粒、盐粒、花粉以及工业排放物二氧化硫、三氧化硫等微粒,都是很好的凝结核。近地气层凝结核是取之不尽,用之不竭的。

(二)水汽凝结物

水汽凝结物主要包括地面水汽凝结物和大气中的凝结物。

1. 露和霜 是指晴朗或微风的傍晚或夜间,地面和地面物体表面因强辐射而冷却,使贴地气层温度下降到空气的露点以下时,空气接触到这些冷的表面,而产生的水汽凝结的现象。如露点高于 0℃,就凝结为露;如露点低于 0℃,就凝结为霜。

2. 雾 当近地气层温度降低到露点以下时,水汽发生凝结成水滴或冰晶,弥漫成乳白色带状,使水平方向上的能见度降低的现象称为雾。

3. 云 是由大气中的微小水滴或冰晶或者两者混合组成的可见悬浮物。云形成的基本条件是:一是充足的水汽;二是有足够的凝结核;三是使空气中的水汽凝结成水滴或冰晶时所需的冷却条件。

4. 霰 霰是指白色或灰白色不透明的圆锥形或球形的颗粒状固态降水。它是由冰晶降落到过冷水滴的云层中相互碰撞合并而形成的,或过冷却水在冰晶周围冻结而形成的。霰的直径一般为 2～5mm,落在地面时常反跳,松软易碎,常见于阵雪之前或与雪同时降落。直径小于 1mm 的霰称米雪。

5. 雹 雹又称冰雹,是指坚硬的球状、锥状或形状不规则的固态降水。雹核一般不透明,外面包有透明和不透明相间的冰层。雹是从发展旺盛的积雨云中产生的,大小不一,其直径由几毫米到几十毫米,最大雹块直径可达几十厘米。

6. 雾凇 雾凇是一种白色、疏松、易散落的晶体结构的水汽凝结物,俗称"树挂",通常是在有雾的天气条件下形成的。

7. 雨凇 雨凇是过冷却雨滴降到 0℃ 以下的地面或物体上冻结而成的毛玻璃状或光滑透明的冰壳。雨凇外面光滑或略有突起,多发生在严冬或早春季节。

四、降水

降水是指以雨、雪、霰、雹等形式从云中降落地面的液态或固态水。广义的降水包括云中降水(雨、雪、霰、雹等)和地面水汽凝结物(露、霜、雾凇、雨凇等)。一般情况下,降水是指云中降水。

(一)降水形成的原因

大气降水的形成,就是云层中水滴或冰晶增长到一定程度,在不断下降的过程中,不因蒸发而导致水分耗尽,降落到地面以后即成为降水。

1. 对流降水 地面空气受热以后,因体积增大而不断上升,到一定高度又冷却,水汽凝结而形成降水。对流引起的降水一般为雷阵雨,雨区范围小,降水时间短,强度。

2. 地形降水 在山区,暖湿空气受山地阻挡,被迫抬升到一定高度,因水汽饱和而形成的降水。地形降水一般出现在山地的迎风坡上。

3. 锋面降水　暖湿空气与干冷空气相遇的交接面称为锋面。当暖湿空气沿锋面上升，因绝热冷却，水汽凝结而形成的降水称锋面降水。此种情形，在我国北方的春、夏、秋季最为常见。

4. 台风降水　在台风影响下，因空气绝热上升，水汽凝结后而产生的降水，称为台风降水。此种情形，在我国东南沿海地区的夏季最为常见。

（二）降水类型

1. 按降水性质分类　一是连续性降水，强度变化小，持续时间长，降水范围大，多降自雨层云或高层云。二是间歇性降水，时小时大，时降时止，变化慢，多降自层积云或高层云。三是阵性降水，骤降骤止，变化很快，天空云层巨变，一般范围小，强度大，主要降自积雨云。四是毛毛状降水，雨滴极小，降水量和强度都很小，持续时间较长，多降自层云。

2. 按降水物态形式分类　一是雨，从云中降到地面的液态水滴，其直径一般为 $0.5\sim7mm$，雨滴下降速度与直径有关，雨滴越大，其下降速度也越快。二是雪，从云中降到地面的固态水，其形态有六角棱形、片状或柱状结晶等类型。气候不寒冷时，很多雪花融合成团似棉絮状。冬季积雪很多地区，能冻死大量的病菌、虫卵，春季融雪时雪水渗入土壤，有利于植物生长发育。三是霰，从云中降到地面的固态水，其直径为 $1\sim5mm$；形成冰晶、雪花、过冷却水并存的云中，是由下降的雪花与云中冰晶、过冷却水滴碰撞迅速冻结形成的，常见于降雪前或与雪同时降落。直径小于 $1mm$ 的称米雪。四是雹，又称冰雹、冷子，是由透明和不透明的冰层相同组成的固体降水物；其形态多为球形，直径在几毫米到几十毫米，下降时并伴有阵雨。持续时间较短，但强度很大，破坏性较大。

3. 按降水强度分类　可分为小雨、中雨、大雨、暴雨、大暴雨、特大暴雨、小雪、中雪、大雪等。

（三）降水的表示方法

1. 降水量　降水量是指一定时段内从大气中降落到地面未经蒸发、渗透和流失而在水平面上积聚的水层厚度。降水量是表示水多少的特征量，通过以毫米（mm）为单位。降水量具有不连续性和变化大的特点，通常以日为最小单位，进行降水日总量、旬总量、月总量和年总量的统计。

2. 降水强度　降水强度是指单位时间内的降水量。降水强度是反映降水急缓的特征量，单位为 mm/d 或 mm/h。根据降水强度大小，可将降水划分为若干等级。

3. 降水变率　降水变率是反映降水量是否稳定的特征量，有绝对降水变率和相对降水变率两种。绝对降水变率，又称降水距平，是指某地实际降水量与多年同期平均降水量之差。绝对降水变率为正值时，表示比正常年份降水量多。负值表示比正常年份少，因此用来表示某地降水量的变动情况。相对降水变率是指降水距平与多年同期平均降水量的比值。如果逐年的相对降水变率均较大，则表示平均降水量的可靠程度小，发生旱涝灾害的可能性就较大。

4. 降水保证率　降水保证率是指降水量高于或低于某一界限减水量的频率的总和。是表示某一界限降水量可靠程度的大小。某一界限降水量在某一段时间内出现的次数与该时段降水总次数的百分比，叫降水频率。

(四)人工降水

人工降水就是根据自然降水的原理,人为地补充某些形成降水所必须的条件,促使云滴凝结或冲并增大,以达到降水的目的。目前,主要是在云内播撒干冰(固体二氧化碳)和碘化银。干冰升华时,要吸收大量热能,使紧靠干冰外层的温度迅速降低,以冻结成冰。碘化银微粒是良好的成冰核,将其撒在云中,能促使过冷水滴冻结,或使水汽直接凝华为冰晶,以形成冰水共存的条件。冰晶迅速增长,达到一定大小时便下降,沿途由于凝华和碰撞合并,形成较大的水质点,落到地面便是人工降水。

五、大气水分调控措施

大气水分的来源主要是降水,其对植物的影响一方面是通过空气湿度影响植物生长,另一方面是通过影响土壤水分影响植物生长,因此大气水分的调控在土壤水分调控的基础上,结合不同植物生长的环境,采取措施。例如露地生长的植物,一是"靠天"即降水来影响植物的生长,在降水不足时,可通过人工灌溉满足植物生长所需;对于设施栽培植物,主要是通过不同的土壤灌溉方式来满足植物的生长发育,结合喷雾、水帘等措施增加空气湿度;再则,对于盆栽植物由于其生长的环境空间有限,对于水分调控则要求较高,应针对不同植物类型,采取不同的措施来应对。

任务实施

空气湿度的测定——干湿球温度计法

(一)任务目的

了解表示空气湿度的各种物理量,掌握测定的方法原理。

(二)方法原理

干湿球测定空气湿度是根据干球温度与湿球温度的差值大小而测定空气温度大小的。干球温度与湿球温度的差值越大,空气湿度越小,反之亦然。

(二)材料用具

通风干湿球温度表、滴管、查对表

(三)操作规程

检查通风干湿球温度表,用滴管将湿球包裹的纱布(或棉花)充分湿润,一手持通风干湿球温度表,一手上发调,松手,开始计时,5分钟后读取干球与湿球的温度,计算温差,查表求得空气湿度。分别测定实验室室内、室外、小树林、大棚、温室的空气湿度。

(四)原始数据记录

场所	实验室室内	室外	小树林	大棚	温室
干球温度					
湿球温度					
温差					
空气湿度					

复习思考题

1. 植物对水环境的生态适应类型有哪些？请举例说明。
2. 如何提高植物对极端水分的适应性和抗性？
3. 土壤含水量的表示方法有哪些？如何调节土壤水分？
4. 哪些因素影响土壤水分蒸发？生产上采取什么措施保水保墒？
5. 根据降水形成的原因简要说明大气降水有哪几种类型。
6. 结合生产实际，阐述如何合理进行植物生长的水分环境调控。

植物生长光照环境调控

任务一　　了解太阳辐射

知识点

1. 太阳辐射、太阳辐射光谱组成。
2. 太阳辐射在大气中的减弱的原因。
3. 影响太阳辐射的因素。

任务提出

太阳是一个巨大的燃烧着的火球,它的能量以何种方式传递到地球? 在传递过程中发生怎样的变化,才使地球的光热条件适合生物生长? 在这个过程中又受到哪些因素的影响?

任务分析

本次任务是了解光太阳辐射、太阳辐射光谱组成及其对植物生长的影响。

相关知识

太阳能是一切生命活动赖以维持的能源。地球上几乎所有生命活动所必需的能量都直接或间接地来源于太阳光。太阳以辐射的形式将太阳能传递到地球表面,给地球带来光和热,并使地球产生四季和昼夜。光是太阳能转化为化学能并固定到生态系统的唯一通道,是植物生长发育必不可少的环境条件之一。

一、太阳辐射的概述

以电磁波的方式传递的能量称为辐射能,简称辐射。太阳以电磁波的形式时刻不停地向周围空间放射出巨大的能量,称为太阳辐射。太阳辐射能量 99% 以上的电磁波长在 $0.15 \sim 4 \ \mu m$。

地球表面一方面吸收太阳辐射,同时又时刻不停地向外辐射能量,称为地面辐射能。其辐射波长在 $3 \sim 80 \ \mu m$,属红外辐射。地面辐射所放出的能量一部分散失到宇宙空间,大部分被大气中的水汽和二氧化碳等吸收,因此地面辐射是大气的直接热源。

大气直接吸收太阳辐射的能力很弱,但能强烈地吸收地面长波辐射。大气吸收地面辐射后温度升高,也能不断地向外辐射,称为大气辐射。其波长大部分在 $7 \sim 120 \mu m$,也属红外辐射。

地面辐射的方向是向上的,大气辐射的方向既有向上的,也有向下的。到达地面的那部分大气辐射,因与地面辐射方向相反,故称为大气逆辐射。由此可见,大气一方面能让太阳辐射透射到地面,使地面增温;另一方面又能强烈地吸收地面辐射,并以大气逆辐射的形式返回地面,使地面散失的热量得到一部分的补偿,对地面起到保温作用,这种作用如同玻璃温室的保温作用一样,所以称为温室效应或花房效应。

二、太阳辐射光谱与光合有效辐射

(一)太阳辐射光谱

太阳辐射能按其波长顺序排列而成的波谱称为太阳辐射光谱。太阳辐射光谱按其波长分为紫外线(波长小于 390nm)、可见光(波长 390～760nm)和红外线(波长大于 760nm)3 个光谱区。其中可见光区的能量占 50％左右,红外线区占 43％左右,紫外线区占 7％左右。

(二)光合有效辐射

光合有效辐射是指绿色植物进行光合作用时,被叶绿素吸收并参与光化学反应的太阳辐射光谱成分。光合有效辐射的波谱为 380～710nm,也有采用 400～760nm 的。植物对光合有效辐射各种波长的吸收和利用是不同的。例如叶绿素 a、b 的吸收光谱,有两个高峰,一个在 600～700nm,一个在 400～500nm,其他色素也各有自己的吸收带和吸收高峰。光合有效辐射包括所在波长范围内的直接辐射和漫射辐射。

三、太阳辐射在大气中的减弱

太阳辐射通过大气层时,一部分被大气和云层所吸收,一部分被大气中的各种气体和杂质所散射,一部分被云层所反射而返回宇宙空间。因此,太阳辐射到达地面时被显著地减弱。

(一)大气对太阳辐射的吸收

大气中各种气体对太阳辐射能的吸收能力是不同的。氮和氧虽然含量最多,但他们的吸收能力都很弱;而含量不多的水汽、臭氧、二氧化碳和尘埃等却能选择性地吸收一部分太阳辐射。

水汽主要吸收红外线区的辐射,也能吸收一部分可见光区的辐射。臭氧能强烈吸收紫外线区的辐射,使地面上的生物免受过多紫外线的伤害,而透过的少量紫外线还能起到杀菌治病的作用。二氧化碳在红外线区有一个较强的吸收带,但由于它们位于太阳辐射光谱的最外沿,所以作用不明显。尘埃通常吸收量较少,但当有沙暴、烟雾或浮尘时,吸收作用比较明显。尘埃对太阳辐射的减弱作用不仅是吸收作用,更重要的是散射作用。

(二)大气对太阳辐射的散射

太阳辐射通过大气遇到空气分子或其他微粒等质点时,一部分能量就会以这些质点为中心向四面八方散播出去,这种作用称为散射。散射并不像吸收那样把辐射变为热能,而是改变辐射的方向,使一部分太阳辐射不能达到地面。

散射有两种,一种是散射质点的直径比太阳辐射波长更短的散射,称为分子散射。如空气分子,它的散射能力与辐射波长的 4 次方成反比,波长愈短,散射愈强。晴天时,可见光中的蓝紫光被散射的多,而红光被散射的少,故天空呈蔚蓝色。另一种是散射质点的直径比太阳辐射波长长的散射,如悬浮空气中的尘埃、烟粒和水滴等,各种辐射波长都同样地被其散射,这种散射称为漫射。当大气中有较多烟尘杂质时,天空呈乳白色,是这些杂质对太阳光漫射的结果。

（三）大气对太阳辐射的反射

大气中的云层和较大的尘埃杂质对太阳辐射均可发生反射作用，使太阳辐射中的一部分能量返回宇宙空间，从而使到达地面的太阳辐射减弱。云量越多，云层越厚，反射作用越强，厚云层的反射率可达 90%。

总之，太阳辐射经过大气层后，由于大气的吸收、散射和反射作用而大大减弱。如果把射入大气上界的太阳辐射作为 100%，被大气和云层吸收的约占 19%，被散射和反射到宇宙空间的约占 30%，到达地面的仅占 51%。也就是说，地面接收的太阳辐射能只有大气上界的一半左右。

四、影响太阳辐射的因素

进入地球表面的太阳辐射，由于不同因素的影响而发生变化，这些因素可分为两类：空间因素和时间因素。

1. 纬度　纬度的变化对太阳辐射的影响主要通过太阳高度角、大气透明度、云量的变化来实现。太阳高度角是太阳辐射线与地平面之间的夹角。高纬度地区大气透明度大，但太阳高度角小，阳光穿过大气的路程远，云量也较多，所以太阳直接辐射随纬度的增高而减少。在赤道附近，太阳高度角最大，太阳辐射强度也相应大。

2. 海拔　海拔高度越高，太阳光通过大气的路程越短，大气透明度越大。因此，太阳辐射就越强。如在海拔 1000m 的山地可获得全部太阳辐射能的 70%，而在海平面上只能获得 50%。

3. 坡向与坡度　坡向也影响太阳辐射强度。在坡地上，太阳光线的入射角随坡向和坡度而变化。在北半球纬度 30°以北的地区，太阳的位置偏南，在相同的辐射强度下，所以照射的地面面积是南坡小于平地，则单位面积的太阳辐射量是南坡大于平地，北坡则较平地少。这是由于在南坡上太阳的入射角较大，照射时间较长，北坡则相反。而且这种差异随坡度的增加而增加。

4. 大气状况　水汽、尘埃、杂质越少，大气透明度越大，太阳辐射在大气中减弱得越少，太阳辐射就越强。

5. 时间因素　太阳辐射强度一般随季节和昼夜发生有规律的变化。通常，一年中，在中、高纬度地区，夏季太阳高度角大，日照时间长，太阳辐射总量大；冬季太阳高度角小，日照时间短，太阳辐射总量小。在低纬度地区，一年中太阳高度角和日照时间的变化不大，所以太阳辐射的年变化也不大。一天中，太阳辐射总量在夜间为零，日出后随太阳高度角的增大而逐渐增强，到中午达到最大，午后又随太阳高度角的减小而逐渐减弱。但是，大气透明度的影响可使这种规律受到破坏。例如中午对流旺盛，云量增多，大气透明度减小，太阳辐射的最大值会提前或推迟出现。

任务二　光与植物生长发育

知识点

1. 光谱成分与植物生长发育的关系。
2. 光照强度对植物的影响以及植物对其的适应性。
3. 光照长度对植物的影响以及植物对其的适应性。
4. 城市光环境对植物生长的影响。

任务提出

万物生长靠太阳,阳光是由什么组成的? 它们对植物生长有怎样的影响? 植物又是如何适应不同的光照强度与长度? 城市中特殊的人工光环境对植物又有怎样的影响?

任务分析

本次任务是了解太阳辐射光谱各成分对植物生长的影响;掌握不同光照强度与长度对植物生长的影响以及植物对其的适应性;关注城市中的人工光环境对植物的影响。

相关知识

光是植物生长发育必需的重要条件之一,不同种类的植物在生长发育过程中要求的光照条件不同,植物长期适应不同光照条件又形成相应的适应类型。

一、光谱成分与植物生长

太阳辐射光谱波长可分为紫外线光谱区(波长小于 380nm)、可见光光谱区(波长为 380～760nm)和红外线光谱区(波长大于 760nm)。光谱成分随空间变化的规律是:短波光随纬度的增加而减少,随海拔高度的增大而增加。随时间变化的规律是:冬季波长光增多,夏季短波光增多;一天之内中午短波光较多,早晚长波光较多。不同波长的光具有不同的性质,对植物的生长发育具有不同的作用。

（一）光谱成分与光合作用

太阳光谱中只有可见光能被植物的光合作用利用,植物光合作用对光能利用是从光合色素对光的吸收开始的,而光合色素对光能的吸收具有明显的选择性。波长 640～660nm 的红光、430～450nm 的蓝紫光是被叶绿素吸收最多的部分,具有最大的光合活性;400～450nm 的蓝紫光能被胡萝卜素所吸收;红橙光和黄绿光则能被海藻胆色素吸收;而绿光为生理无效光。

（二）光谱成分与植物生长

一般短波长的光如蓝紫光、紫外线能抑制植物茎的伸长生长，而使植物形成矮粗的形态，并且引起植物的向光敏感性、促进花青素等植物色素的形成，比较典型的是高山上的植物矮小且生长缓慢，可能就是由于紫外辐射的抑制性作用造成的；很多昆虫利用紫外光反射性能的变化来辩认植物，采蜜昆虫以花朵反射的紫外光类型作为采蜜的向导。波长长的光如红光、红外线有促进植物茎延长生长的作用，有利于种子的萌发，提高植物体的温度；植食性昆虫能利用其红外光感应性能来找出生理病弱植株，并进行侵害。红橙光有利于叶绿素的形成，促进种子萌发；波长 660nm 的红光和波长 730nm 的远红光能影响长日照植物和短日照植物的开花。

（三）光谱成分与植物产品品质

不同波长的太阳辐射，可形成不同的光合产物。蓝紫光能促进合成较多的蛋白质，红光则有利于碳水化合物的合成。高山茶经常处于短波光成分较多的环境，纤维素含量少，茶素和蛋白质含量高，易生产名茶。短波光能促进花青素的合成，使植物茎叶、花果颜色鲜艳；但短波光能抑制植物生长，阻止植物的黄化现象，但在蔬菜生产上可利用这一原理生产韭黄、蒜黄、豆芽、葱白等蔬菜。在生产实践中，使用有色薄膜，通过改变光质就可促进植物生长。

二、光照强度与植物生长

太阳辐射除了有热效应外，其可见光还具有光效应。表示光效应的物理量称为光照强度，简称照度。光照强度是指物体被可见光照明的强度，单位是勒克斯（lux）。光照强度受纬度、太阳高度角和海拔高度等因素的影响。

（一）光照强度对植物生长发育的影响

1. 光照强度与植物光合作用　光照强度是影响光合作用的重要因素。植物在较弱光照条件下进行光合作用时，随着光照强度的增加，光合强度也随着增加，但光照强度达到一定程度时，光照强度不再随光照强度的增强而增加，达到最大值，此时即使光照强度增加也不再随之增加，这种现象称为光饱和现象，开始达到光饱和现象时环境中的光照度称为光饱和点。叶片只有处于光饱和点的光照下，才能发挥其最大的制造与积累干物质的能力；在光饱和点以上的光照强度不再对光合作用起作用。

植物光合积累同时也有呼吸消耗，当光照强度降低时，光照强度也随之降低，当光照强度降低到一定程度时，植物光合作用制造的有机物与呼吸作用消耗的有机物量相等，即植物的光合强度与呼吸强度到达相等的光照强度值称为光补偿点。在光补偿点以下，植物的呼吸作用超过光合作用，消耗贮存的有机物质。如长期在光补偿点以下，植物将逐渐枯黄以至死亡。

光合作用是一个非常复杂的过程，不单纯依赖于太阳辐射，还有其他外界因素以及植物本身特性的影响，如增加二氧化碳的含量，可以降低光补偿点，提高光饱和点；温度升高则提高光补偿点等，因此分析植物光合作用与光照强度的关系时，必须从植物生长的综合条件入手，将太阳辐射对光合作用的影响放在综合环境条件下来分析。

2. 光照强度与植物生长发育

（1）光照强度对种子发芽有一定影响：植物种子的发芽对光照条件的要求各不相同，有的种子需要在光照条件下才能发芽，如紫苏、胡萝卜、桦树等；有的植物需要在遮阴的条件下才能发芽,如百合科的植物;而多数植物的种子,只要温度、水分、氧气条件适宜,有无光照均可发芽,如小麦、水稻、棉花、大豆等。

(2)光照强度影响着植物的周期性生长:光照强度有规律的日变化和季节变化,影响植物的气孔开闭、蒸腾强度、光合速率及产物的转化运输等生理过程,与温度等因子共同影响着植物的生长,从而使植物生长表现出昼夜周期性和季节周期性。

(3)光照强度影响植物的抗寒能力:秋季天气晴朗,光照充足,植物光合能力强,积累糖分多,抗寒能力较强。若秋季阴天时间较多,光照不足,积累糖分少,植物抗寒能力差。

(4)光照强度影响着植物的营养生长:光照强度影响着植物的光合作用,而光合作用合成的有机物质是植物生长发育的物质基础,因此,光照强度能影响细胞分裂和伸长,植物体积的增大、重量的增加都与光照强度有紧密的联系。适当弱光有利于植物的营养生长。

(5)光照强度影响着植物的生殖生长:适当强光有利于植物生殖器官的发育,若光照减少,营养物质积累减少,花芽的形成也减少,已经形成的花芽,也会由于体内养分供应不足而发育不良或早期死亡。因此为了保证植物的花芽分化及开花结果,必须保持充足的光照条件。遮光实验证明:在强光下,小麦可分化更多的小花,在弱光下,小花分化减少。强光还有利于黄瓜雌花增加,雄花减少,而弱光则使棉花营养体徒长,落铃严重;果树已形成的花芽可能退化,开花期和幼果期遇到长期光照不足,会导致果实发育停滞甚至落果。

3. 光照强度与植物产品品质

(1)植物花的颜色及果实着色与光照强度有关:在强光照射下,有利于花青素的形成,这样会使植物花朵的颜色鲜艳、果实颜色鲜艳。光照的强弱对植物花蕾的开放时间也有很大的影响。如半支莲、浆草在强光下开花,月见草、紫茉莉、晚香玉在傍晚开花,昙花在夜间开花,牵牛、亚麻只盛开在每日的早晨。

(2)光照强度影响植物叶的颜色:光照充足,叶绿素含量多,植物叶片呈现正常绿色.如果缺乏足够的光量,叶片中叶绿素含量少。呈现浅绿、黄绿甚至黄白色。

(3)光照强度还影响植物产品的营养成分:光照充足、气温较高及昼夜温差较大条件下,果实含糖量高,品质优良。

(二)植物对光照强度的适应

植物长期生长在一定的光照条件下,在其形态结构及生理特性上表现出一定的适应性,进而形成了与光照条件相适应的不同生态类型。

1. 叶的适光变态　　叶片是植物直接接受阳光的器官,在形态结构、生理特征上受光的影响最大,对光有较强的适应性。由于叶长期处于光照强度不同的环境中,其形态结构、生理特征上往往产生适应光的变异,称为叶的适光变态。阳生叶与阴生叶是叶适光变态的两种类型,一般在全光照或光照充足的环境下生长的叶片属于阳生叶,具有叶片短小,角质层较厚,叶绿素含量较少等特征;而在弱光条件下生长的植物叶片属于阴生叶,表现为叶片排列松散,叶绿素含量较多等特点。

2. 植物对光照强度的适应类型　　在自然界中,有的植物在强光照下生长良好,而有的植物需要在较弱的光环境下才能生存;同样,有的植物在遮阴的情况下生长健壮,而有的植物却不能忍受遮阳。这是植物长期适应不同的光照强度而形成的不同生态习性。通常按照植物对光强度的适应程度将其划分为 3 种类型:阳性植物、阴性植物、中性植物。

(1)阳性植物:在全光照或强光照下生长发育良好,在隐蔽或弱光下生长发育不良的植物。阳性植物需要光量一般为全日照的 70％以上，多生长在旷野和路边等阳光充足的地方，如木本植物中的松、杉、白桦、麻栎、刺槐、马尾松、紫薇、紫荆、梅花、白兰花、含笑、一品红、迎春、木槿、玫瑰、夜丁香、夹竹桃等；草本植物中的瓜叶菊、菊花、五色椒、三叶草、天冬草、吉祥草、千日红、鹤望兰、太阳花、香石竹、向日葵、唐菖蒲、蓟、蒲公英、小麦等，一般草原和沙漠植物以及先叶开花植物都属于阳性植物。

阳性植物主要特点是：木本植物一般枝叶稀疏，透光度大，树皮较厚，叶色较浅，草本植物一般茎较粗，节间短，分枝多，机械组织发达，含水量较小，叶子一般较小。叶面上常有角质层，有的种类叶片上还有绒毛。栅栏组织发达，气孔较小，其叶面往往与直射光平行。一般来说，生长发育快，开花结实相对较早，寿命短，耐干旱瘠薄的土壤。

(2)阴性植物：阴性植物指在弱光条件下能正常生长发育，或在弱光下比强光下生长良好的植物。阴性植物需光量一般为全日照的 5％～20％，在自然群落中常处于中、下层或生长在潮湿背阴处，如木本植物中的云杉、罗汉松、绣球、枸杞、杜鹃花、枸骨、雪柳、瑞香、八仙花、六月雪、箬竹、棕竹等；草本植物中的蜈蚣草、椒草、万年青、文竹、一叶兰、吊兰、玉簪、石蒜、浆草、三七、人参等。

阴性植物的主要特点是：木本植物一般枝叶茂密，透光度小，树皮较薄，叶色较绿，单位叶面积中叶绿素含量较高。草本植物茎较细长，节间也较长，分枝较少，机械组织相对不发达，组织中含水量较多。叶柄长短不一，叶片的大小也不同，呈镶嵌状排列，有利于充分利用阳光。耐阴，由于其叶子大而薄，叶面常与光线垂直，故能在适当的光照下吸收较多的光线，产生较高的光合效能。往往生长发育慢，开花结实晚，寿命较长，需要比较湿润肥沃的土壤条件。

(3)中性植物：介于阳性植物与阴性植物之间的植物。一般对光的适应幅度较大，在全日照下生长良好，也能忍耐适当的蔽阴，或在生育期间需要较轻度的遮阴，大多数植物属于此类。如木本中的红杉、水曲柳、元宝枫、椴、罗汉松、肉桂等，草本中的月季、珍珠梅、桔梗、党参、沙参等。中性植物中的有些植物随着其年龄和环境条件的差异，常常又表现出不同程度的偏喜光或偏阴生特征。

3. 植物的耐阴性　植物对光照照度的适应能力，常用耐阴性来表示，植物忍耐蔽阴的能力称为植物的耐阴性。因此，阳性植物的耐阴性最差，阴性植物的耐阴性强。我国北方地区常见树种的耐阴性由弱到强的次序大致为：落叶松、柳、山杨、白桦、刺槐、臭椿、枣、油松、栓皮栎、白蜡树、辽东栎、红桦、白榆、水曲柳、华山松、侧柏、红松、锐齿栎、槭、千金榆、青杆、椴等。

植物的耐阴性一般相对固定，但外界因素如年龄、气候、纬度、土壤等条件的变化，会使植物的耐阴性发生细微的变化。特别是多年生植物，随着年龄和环境条件(气候条件和土壤条件)的变化而变化。如幼苗、幼树的耐阴性一般高于成年树木，随着年龄的增加，耐阴性有所降低；湿润温暖的条件下的植物耐阴性较强，而干旱寒冷环境中的植物则趋向于喜光；在土壤肥沃的条件下生长的植物耐阴性较强，而长于瘠薄土壤的植物则趋向喜光。由于植物的耐阴性不是固定不变的，所以对同一种植物的耐阴性，不同的人时常有不同的看法，这在很大程度上是因为观察的对象在年龄和立地条件方面可能有很大的差别。

植物对光强的生态适应性在育苗生产及栽培中有着重要的意义。对阴生植物和耐阴性强的植物育苗要注意采用遮阳手段。还可根据不同环境的光照强度，合理地选择栽培植物，做到植物与环境相统一,促进植物的生长发育。

三、日照长度与植物生长发育

日照长度(日照时间)以小时为单位,是指不计天气状况,仅考虑大气折射,从日出到日落太阳照射的时间。日照长度取决于地于纬度和季节,是较有规律的,在北半球,夏半年(春分～秋分)昼长夜短,夏至这一天、昼最长、夜最短,并且,随着纬度的增加,夏半年昼越长;冬半年(秋分～春分)则相反。所以把我国北方地区称为长日照地区,南方地区称为短日照地区。大多数植物都在夏半年的温暖季节内生长发育。

在不同地区,日照长度随季节的更替而产生周期性的变化,这种周期性变化称为光周期。植物这种对日照长度(光周期)的反应称为植物的光周期性反应。

(一)光周期与植物生长

1. 光周期与植物开花　在许多植物中,光周期能在春季和夏季对植物开花和结实进行调节。春季,它在某些多年生草本植物打破休眠、重新恢复生长中起作用。一般认为,木本植物的开花结实一般不直接受光周期的控制。

研究证实,在光周期现象中,对植物开花起决定作用的是黑暗时期的长短。也就是说,短日照植物必须超过某一临界黑暗时期才能形成花芽,长日照植物必须短于某一临界黑暗时期才能开花。

闪光试验证明了暗期的重要性。如在暗期中间给予短暂的光照(用闪光),即使光期总长度短于临界日长,由于临界暗期遭到中断,使花芽分化受到抑制,因此,短日照植物不开花;而同样情况却可促进长日照植物开花。但不存在暗断现象,黑暗不能间断光期的作用。

研究表明,波长在 $640\sim660nm$ 的红光对中断黑夜所起的诱导作用最有效,用它进行光间断处理,明显抑制短日照的花芽形成,而促进长日照植物的花芽形成。秋季用短光照中断长时间的需求,抑制短日照的开花,可有效地控制植物的花期,以满足人们在不同季节对植物开花观赏的需求。

用适宜植物开花的光周期处理植物,叫做光周期诱导。经过足够日数的光周期诱导的植物,即使再处于不适合的光周期下,那种在适宜的光周期下产生的诱导效应也不会消失,植物仍能正常开花。在光周期诱导期间,所需的光周期诱导日数随植物而异。主要与该种植物的地理起源有关,通常起源于北半球植物,越靠近北方起源的种或品种的短日照植物所需要光周期诱导的短日数越少;长日照植物则越是靠近南方起源的需要光周期诱导的长日数越少。在光周期诱导期间,如果光照强度过弱,会降低开花反应。

值得注意的是,植物的开花不仅受日照长短的影响,还受其他环境因子的影响,如温度、水分等,生产实践中认为控制光照长短的同时,还要协调其他因子,才能真正达到控制花期的目的。

2. 光周期与植物休眠　光周期对植物的休眠有重要影响,而且在很大程度上控制了许多木本植物的休眠和生长。一般短日照促进植物休眠而使生长减缓,长日照可以打破或抑制植物休眠,使植物持续不断地生长。北方深秋落叶多与短日照诱导有关,使植物停止生长,进入休眠,有效地适应冬季即将到来的低温影响。南方起源的树木北移时,由于秋季北方的日照时间长,往往造成南方树木徒长,秋季不封顶,很容易遭受到初霜的危害。为了使其在北方安全越冬,可对其进行短日照处理,使树木的顶芽及早木质化,进入休眠状态,增强抗寒越冬的能力。

有些植物只有在长日照下引起休眠，如夏休眠的常绿植物和原产于夏季干旱地区的多年生草本花卉，如水仙、百合、仙客来、郁金香等。

3. 光周期对植物其他方面的影响　　光周期影响植物的伸长。短日照植物置于长日照下，常常长得高大；而把长日照植物置于短日照下，则节间缩短，甚至呈莲座状。

光周期影响植物性别的分化。一般来说，短日照促进短日照植物多开雌花，长日照促进长日照植物多开雌花。瓜类中的黄瓜、黄瓜在长日照下雄花居多，短日照下雌花居多。

光周期对有些植物地下贮藏器官的形成和发育有影响。如短日照植物菊芋，在长日照下仅形成地下茎，但并不加粗，而在短日照下，则形成肥大的块茎；二年生植物白香草木樨，在进入第二年生长以前，由于短日照影响，能形成肉质的贮藏根，但如果给予连续的长日照处理，则不能形成肥大的肉质根。

植物对光周期的敏感性是各不相同的。通常木本植物对光周期的反应不如草本植物敏感。利用植物对光周期的不同反应，可通过人工控制光照时数来调整植物的生长发育。

(二)植物对日照长度的适应

由于长期适应不同光照周期的结果，有些植物需要在长日照条件下才能开花，而有些植物需要在短日照条件下才能开花。根据植物对光周期的不同反应，可把植物分为以下 3 类：

1. 长日照植物　　是指当日照长度超过临界日长才能开花的植物，也就是说，光照长度必须大于一定时数(这个时数称为临界日长)才能开花的植物。当日照长度不够时，只进行营养生长，不能形成花芽。这类植物的开花通常是在一年中日照时间较长的季节里。如凤仙花、唐菖蒲、倒挂金钟、令箭荷花、风铃草、除虫菊等，用人工方法延长光照时数可使提前开花。而且光照时数越长，开花越早。否则将维持营养生长状态，不开花结实。

2. 短日照植物　　是指日照长度适于临界日长时才能开花的植物。一般深秋或早春开花的植物多属此类，如牵牛花、一品红、菊花、蟹爪兰、落地生根、一串红、芙蓉花、苍耳、菊花等，用人工缩短光照时间，可使这类植物提前开花。而且黑暗时数越长，开花越早。在长日照下只能进行营养生长而不开花。

3. 日中性植物　　是指开花与否对光照时间长短不敏感的植物，只要温度、湿度等生长条件适宜，就能开花的植物。如月季、香石竹、紫薇、大丽花、仙客来、蒲公英等。这类植物受日照长短的影响较小。

将植物能够通过光周期而开花的最长或最短日照长度的临界值，称为临界日长。对于短日照植物是指成花所需的最长日照长度，对于长日照植物是指成花所需的最短日照长度。一般认为，临界日长为每日 12～14h 光照。实际上，不是任何植物都是如此。有的短日照植物如苍耳，临界日长可达 15.5h，而有的长日照植物如天仙子，临界日长仅长 12h。每种植物有其自身的临界日长，不一定长日照植物所需求的日照时数一定比短日照植物长。例如，长日照植物菠菜的临界日长为 13h，也就是说它们需要在长于 13h 光照下才能开花，少于 13h 就不能开花；短日照植物菊花(大多数品种)的临界日长为 15h，只要日照数不超过 15h，菊花就能开花。因此对于长日照植物来说，只要在日照时数长于临界日长的条件下就能开花；而对于短日照植物来说，只要在日照时数短于临界日长的条件下就能开花。

植物对光周期的反应，是植物在进化过程中对日照长短的适应性表现，在很大程度上与原产地所处的纬度有关。长日照植物大多为原产于高纬度的植物，短日照植物大多为原产于低纬度的植物,因此在引种中,必须考虑植物对日照长度的反应。

四、城市光环境与植物生长

城市地区由于空气中污染物较多,使水汽凝结核随之增加,较易形成低云,同时由于城市中建筑物的摩擦作用易引起空气的湍流运动,在湿润气候条件下也有利于低云的形成,因此,城市地区的低云量、雾、阴天日数都比郊区多。而晴天日数、日照时数则少于郊区。城市中太阳直接辐射减少,散射辐射增多。由于城市地区云雾增多,空气污染严重,使得城市大气浑浊度增加,从而到达地面的太阳直接辐射减少,散射辐射增多。

城市中太阳辐射具有不均匀性。城市中建筑物林立,太阳辐射到达地面过程中被阻拦遮住,所以城市中的遮阴处较多,如高桥下、大厦间、建筑物的北侧等,从而造成太阳辐射的不均匀性。一般东西向街道北侧接受的太阳辐射比南侧多。随着城市空间的上层发展,建筑的遮阴效果越来越明显。城市充分的太阳辐射时间少。由于城市建筑物的相互遮阴,不仅对太阳辐射形成不均匀分布,也会减少城市范围内的太阳辐射时间。

总之,城市的自然光照条件与自然界有很大的区别,还存在着人为光污染,如白昼污染、白亮污染、彩光污染等,这些都会影响到植物的生长发育,在栽培管理过程中应予重视。

任务三　植物生长的光环境调控

技能点

掌握光照强度的测定。

知识点

植物生长的光环境调控措施。

任务提出

了解光与植物生长的密切关系之后,思考如何采取措施来调控光照环境,使植物更好地满足人们生产、生活的需求。

任务分析

掌握植物生长的光环境调控措施。

相关知识

　　利用光对植物的生态效应和植物对光的生态适应性,适当调整光与植物的关系,可调控植物的生长发育,提高植物的栽培质量及其观赏价值,更好地满足人类日益增长的生产、生活需求。植物光能利用率的控制已在植物与植物生理课程中有论述,这里主要讲述利用光照时间和光照强度调整植物的生长发育。

　　一、控制花期

　　利用人工控制日照长短的方法可提早或推迟开花时间,这在园艺花卉栽培上很重要。短日照植物(如一品红、菊花、紫罗兰等)在长日照条件下,减少其照射时间,则可提早开花,如原产墨西哥的短日照花卉一品红,在北京地区的正常花期是 12 月下旬。一般单瓣品种在8 时上旬开始遮光处理,早 8 时打棚,下午 5 时遮严,每天日照时间为 8～10h,经过 45～55d,10 月 1 日就可开花,满足国庆节造景的需要;菊花的正常花期通常在 10 月份以后,为了观赏目的,可进行遮光处理,20d 即可现花蕾,50～60d 就可开花,从而使它在 6—7 月份,甚至在"五一"节开花;也可延长日照时间或利用光进行暗期间段、施肥和摘心等措施,使菊花延迟到元旦或春节期间开花。到目前为止,菊花在温室内通过遮光处理,实现了四季供花。同样,长日照植物,如瓜叶菊、唐菖蒲、晚香玉等在秋、冬及早春的短日照条件下不开花,如在温室内用白炽灯或日光灯等人造光源对其进行每天 3h 以上的补充光照,让每天的光照时间达到 15h 左右,可达到催花的预期效果。采取相反的措施,则会延迟开花时间。

　　河南省洛阳市在 2001 年 4 月举行牡丹花会时,为了使所有的不同品种的牡丹和其他的种类的花卉在花卉期间同时开花,其措施是通过控制不同品种的牡丹和其他种类花卉的光周期来达到花期一致。又如上海植物园为庆祝国庆 50 周年,通过人工方法使牡丹、玉兰、杜鹃、菊花、山茶花、大丽菊等 100 多种在不同花期开花的植物在国庆期间同时开花。

　　光暗颠倒可改变植物的开花习性。如昙花,本应在夜间开花,从绽蕾到绽放以至凋谢一般只有 3～4h。如果在花蕾长 6～10cm 时,白天遮光,夜间用日光灯给以人工照明,经过4～6d 处理,可以使其在上午 8∶00～10∶00 开花,而且花期延长到 17∶00 左右凋谢。

　　控制花期在育种上对克服杂交亲本花期不遇也是很重要的。例如,利用人工控制日照长短的方法,使双方亲本同时开花,便于进行杂交,扩大远缘杂交范围。又如,甘薯是短日照植物,在北方种植时,由于当地日照长,不能开花,所以不能进行有性的杂交育种,但若利用人工遮光方法,使每天光照时间缩短到 8～10h,1～2 个月即可开花。因此控制花期可以解决种间或种内杂交时花期不遇的问题。

　　二、科学引种

　　从异地引进新的作物或品种时,首先要了解被引进植物的光周期特性。如果原产地和引入地区光周期条件相差太大,就可能因生育期太长而不能成熟,或者因生育期太短而产量过低。我国南方的长日照植物和短日照植物其临界日长一般比北方的相应短一点,而生产季节中春夏季的长日照偏南地区比偏北地区来得要晚一些,夏秋的短日照偏南地区比偏北地区来的要早一些。因此一般来说,短日照植物南种北引,生长期会延长,开花期推后;北种南引生长期推后,开花期提前。所以对于收获果实和种子的植物必须考虑引进后能否适时开花结实,否则就会导致颗粒无收。因此短日照植物南种北引应引早熟品种,北种南引应引晚熟品种为宜;长日照植物南种北引应引晚熟品种,南种北引应引早熟品种为宜。以大豆为例,南方大豆在北京种植时,从播种到开花日期延长,枝叶繁茂,但由于开花期晚(广州品种的番禺豆在北京种植大约在 10 月 15 日才开花),此时天气已冷,结实率低,产量不高。

同纬度地区的日照长度相同,若海拔高度相近,则温度差异一般不大。因此如果其他的生长条件合适,相互引种比较容易。但如果引种地区和原产地相聚过远,还有留种的问题,如广东、广西的红麻引种到北方种植,9 月下旬才能现蕾,种子不能及时成熟,可在留种地采用苗期短日处理方法,解决种子的问题。

三、缩短育种周期

育种所获得的杂种,常需要培育很多代,才能得到一个新品种,通过人工光周期引导,使花期提前,在一年中就能培育一代或多代,从而缩短育种时间,加速良种繁育的进程。将冬小麦于苗期连续光照下进行春化,然后移植给予长日照条件,就可以将生产期缩短为 60~80 天,一年之内就可以繁殖 4~6 代。在进行甘薯杂交育种时,可以认为缩短光照,使甘薯生长整齐,以便进行有性杂交培养新品种。根据我国气候多样性的特点,可进行作物南繁北育,利用导地种植以满足作物发育条件。例如,短日照植物:玉米、水稻均可在海南岛繁育种子,能做到一年内繁育 2~3 代,根据光周期理论,同一作物的不同品种对光周期的敏感性不同,所以在育种时,应注意亲本光周期的敏感性的特点,一般选择敏感性弱的亲本,其适应性强些,有利于良种的推广。

四、维持植物营养生长

收获营养器官的作物,如果开花结实,会降低营养器官的产量和品质,因而需要防止或延迟这类作物开花。甘蔗有些品种是短日照植物,在短日照来临时,可用光照来间断暗期,以抑制甘蔗开花,一般只需在午夜用强的闪光进行处理,就可继续维持营养生长而不开花,使甘蔗的蔗茎的产量提高,含糖量也增加。麻类中的黄麻、洋麻等属于短日照植物,其开花结实会降低纤维的产量和质量,生产上采用延长光照或南麻北引的方法来延迟开花。例如,河北省从浙江省引种黄麻,浙江省从广东省引种黄麻,由于植物要求的短日照在偏北地区来得较晚,就能延迟开花,延长营养生长期,增加株高,提高产量。

五、改变休眠与促进生长

日照长度对温带植物的秋季落叶和冬季休眠等特性有着一定的影响。长日照可以促进植物萌动生长,短日照有利于植物秋季落叶失眠。城市中的树木,由于人工照明延长了光照时间,从而使其春天萌动早,展叶早;秋季落叶晚,休眠晚,这样就延长了园林树木的生长期,因此控制光照时间可以促进植物的萌动或调整休眠。北方树种利用对光照的敏感性,使它们在寒冷或干旱等特定环境因子到达临界点之前进入休眠。生长季节的日照长度比原产地长一些,易于满足它对光照的需求,生长就会延长,树形也长得高大,甚至结实,但这些植物容易受到早霜的危害,北方植物园的引种工作中,可利用短日照处理促进树木提前休眠,增强越冬能力。

在植物育苗过程中,调节光照条件,可提高苗木的产量和质量。在高温、干旱地区,应对苗木适当遮阳,但在气候温暖雨量多的地区,对一些植物,特别是喜光植物进行全光育苗,更能促进生长。在有条件的地方,通过人工延长光照时间,促进苗木生长,可取得显著效果。据资料记载在连续光照下,可使欧洲赤松苗木高生长加速 5 倍,而且苗木的直径和针叶也增长许多。许多植物的幼苗发育阶段要进行弱光处理,照射强度过大,容易发生灼伤。有些对光照强度反应比较敏感的大树也会因光强过大而受到伤害等,如对其进行涂白等人为保护措施则可很容易避免受强光的伤害。

六、合理栽植配置

掌握植物对光环境的生态适应类型,在植物的栽植和配置过程中非常重要。只有了解植物是喜光性的还是耐阴性的种类,才能根据环境的光照特点进行合理种植,做到植物与环境的和谐统一。如在城市高大建筑物的阳面和背光面的光照条件差异很大,在其阳面应以阳性植物为主,在其背光面则以阴性植物为主。在较窄的东西走向的楼群中,其道路两侧的树木配置不能一味追求对称,南侧树木应选耐阴性树种,北侧树木应选阳性树种。否则,必然会造成一侧树木生长不良。再如碧桃和腊梅都是喜光树种,在园林养护管理上就应该进行合理修剪整枝,改善其通风透光条件,加强树体的生理活动机能,使枝叶生长健壮,花芽分化良好,花繁色艳,以充分满足人们的观赏需求。

任务实施

光照强度的测定

(一)任务目的

了解照度计的构造和工作原理,学会使用照度计,掌握光照强度的测定方法。

(二)照度计的构造与工作原理

照度计是测量光照强度的仪器,根据光电效应原理制成。照度计的构造主要由感应部分(包括光电池和护罩)、电流表、量程开关三部分组成。光电池由硒半导体或硅半导体元件制成,光电池用电线连接到电流表,光线照射在光电池的光感应面上可产生相应强度的电流,把电流转换成照度值,表示在刻度板上,可以直接读出光照强度,单位为勒克斯(lx)。

(三)材料用具

照度计

(四)操作规程

检查照度计情况,电池是否充发电装好,电线连接是否完好。选择测定场所,打开光感应器护盖,将照度计的光感应面水平放在待测位置,打开电源开关"ON",此时显示窗口显示数字,该数字与量程因子的乘积即为光照强度数值,数值跳动稳定后,可按下"hold"键,读完数后,按下"off",到下一个场所重复上述步骤,即可测定不同场所的光照强度。

注意:不要让光电池长时间暴露在光线下(尤其是强光),测量时,一般在强光下暴露时间不超过 30s,弱光下不超过 60s,不测量时应盖上护罩,以防止光电池老化。另外,照度计不使用时,应把开关拨到"off"档。

（五）原始数据记录

场所	室内	走廊	阳光下	大棚	温室
光照强度(lx)					

复习思考题

1. 太阳辐射中的不同光谱对植物生长发育有何影响?

2. 根据植物对光照强度、日照长度的要求,可将植物分成哪几类? 举例说明。

3. 高山植物主要的形态特征是什么? 造成的主要原因是什么?

4. 如何区分阳性植物与阴性植物?

5. 试述光环境调控在生产上的作用。

6. 北京植物园引种栽培热带斯里兰卡(北纬 6°～11°)的日照时数不得超过 12h 才正常生长发育的穿心莲时,碰到一个问题,就是穿心莲在北京种植生长虽然很好,但就是不能开花结籽,留种成了问题。你能帮他们解决这一问题吗?

植物生长温度环境调控

任务一　土壤温度及其变化规律

知识点

1. 了解土壤的热量状况。
2. 理解土壤的热特性。
3. 理解土壤温度的变化规律。
4. 掌握影响土壤温度变化的因素。
5. 掌握土壤温度对植物生长发育的影响。

任务提出

土壤温度与植物生长发育关系密切，那么土壤温度有哪些特殊的热性质？它有怎样的变化规律？有哪些因素影响土壤温度的变化呢？土壤温度又是如何影响植物的生长发育呢？

任务分析

本次任务是对土壤温度状况有一全面的了解，为植物的生长发育创造良好的土壤温度环境。

相关知识

温度是衡量一个地方热量条件的主要指标，是植物生长不可缺少的重要环境因素之一。植物的各种生理活动只有在一定的温度范围内才能顺利进行。温度对植物生命活动的影响是综合的，它直接影响到植物的光合作用、呼吸作用、蒸腾作用，也影响到植物水肥的吸收和利用，从而影响到植物的生长。温度的时空变化对植物的生长发育和分布具有极其重要的作用，反过来，植物也对其生长环境的温度起到一定的调节作用。

一、土壤的热量状况

土壤中各种化学和生物化学过程以及植物生长发育活动，都是在一起温度范围内进行的。在适宜的温度范围内，随着温度增加各种活动都在增强。温度的变化是由于土壤中的热量状况的变化而产生的，从而影响土壤各种活动及植物生长发育。土壤的热量主要来源于太阳辐射和地球内热，土壤中的生物腐解也会产生少量的热量。

土壤热量平衡是指土壤热量的收支情况。土壤表面吸收的太阳辐射能，部分以土壤辐射形式返回大气，部分用于土壤水分蒸发的消耗，还有部分用于向下层土壤的传导，剩余的热量用于土壤升温。土壤热量平衡可用下式表示：

$$W = S - W_1 - W_2 - W_3$$

式中：W——为用于土壤增温的热量；

　　　S——为土壤表面获得的太阳辐射能；

　　　W_1——为地表辐射所损失的热量；

　　　W_2——为土壤水分蒸发所消耗的热量；

　　　W_3——为其他方面消耗的热量。

在一定的地区 S 值一般是固定的，若 W_1、W_2、W_3 等方面的支出减少，土壤温度将增加；反之，土壤温度则下降。因此，在生产实际中可采用塑料大棚、遮阳网覆盖、中耕松土等措施来调节土壤温度。

二、土壤的热特性

土壤温度的变化是由环境条件和土壤热特性决定的。

(一)土壤热容量

在同一地区土壤接受的太阳辐射热相同的情况下，不同土壤却表现出不同的温度状况，这是由于不同土壤的热容量不同造成的。

土壤热容量有两种：一种是质量热容量，即单位质量的土壤，温度每升高 1℃ 或降低 1℃ 时所吸收或释放的热量。另一种是容积热容量，即单位容积的土壤，温度每升高 1℃ 或降低 1℃ 时所吸收或释放的热量。两者的关系如下：

容积热容量＝质量热容量×容重

由于土壤物质存在的状态原因，体积热容量的使用比质量热容量更方便。不同的土壤成分的热容量相差很大，水的热容量最大，而土壤空气的热容量最小，而土壤矿物质的热容量相差不大。由于实际土壤的有机质含量、矿物质组成在短时间内基本不会发生变化，而水分含量和空气含量波动较大，且空气的体积热容量较小，所以，影响土壤热容量大小的主要因素是土壤水分含量，即水分含量高，则土壤热容量大；反之，热容量小。

土壤热容量的大小主要影响土壤温度的变化速度。热容量大，则土壤温度变化慢；热容量小，则土壤温度易随环境温度的变化而变化。所以，含水量低的土壤，则土壤温度随气温变化的变幅大；反之，则变幅小。一般说来，砂性土的热容量比黏性土小，因此砂性土在早春土温回升快，为"热性土"，而黏性土土温回升慢，为"冷性土"。

(二)土壤导热率

土壤导热率是指土层厚度 1cm，两端温度相差 1℃ 时，单位时间内通过单位面积土壤断面的热量，其单位是 $J/(cm^2 \cdot s \cdot ℃)$。土壤不同组成成分的导热率相差很大，在其三相组成中，空气的导热率最小，矿物质的导热率最大，水的导热率介于两者之间。与影响土壤热容量的大小原因一样，由于土壤矿物质的组成稳定，土壤导热率的大小主要取决于土壤水分与土壤空气的相对含量。水分含量高，空气含量低，则土壤导热率高；反之，导热率低。导热率越高的土壤，其温度越易随环境温度变化而变化；反之，土壤温度相对稳定。

(三)土壤吸热性

土壤对太阳辐射热的吸收能力称为土壤吸热性。土壤吸热性的强弱受土壤颜色、温度及地表状况等许多因素的影响。腐殖质多的土壤颜色深，吸热性强，土温容易升高。因此，早春植物播种后或是越冬植物,在地面覆盖草木灰,可加速幼苗出土和保护越冬植物。另外,地面平坦,反射太阳辐射能力强,土壤吸热性小,土温不易升高;相反,如地面凹凸不平,则反射力弱,受热面积大,土壤吸热性强,土温容易升高。因此,生产上采取垄作可提高土温。

（四）土壤散热性

土壤向大气散失热量的性能称为土壤散热性。散热性主要与土壤水分蒸发有关。因为水分蒸发要消耗气化热,因此,土壤含水量越多,大气相对温度越低,蒸发就越强烈,土壤散热就越多。所以夏季土温过高时可通过灌溉来加强蒸发,促进土壤散热降温。地面覆盖物有无与土壤辐射散失热量的多少有关,因此通常采用地面覆盖,如铺草、留茬、盖灰等来减少土壤散热,保持土温。

三、土壤温度变化

（一）土壤温度的日变化

土壤温度是植物生长的重要环境因素,其变化情况对植物的生长影响较大。土壤的温度在太阳辐射、自身组成及特性、近地气层等因素下有其特有的变化规律。

一日之中最高温度与最低温度之差称之为日较差。一昼夜内土壤温度连续变化叫土壤温度的日变化。土表白天接受太阳辐射增热,夜间放射长波辐射冷却,因而引起温度的日变化。在正常条件下,一日内土壤表面最高温度出现在 13 时左右,最低温度出现在日出之前。

土壤温度日较差主要决定于地面辐射差额的变化和土壤导热率,同时还受地面和大气间乱流热量交换的影响。所以,云量、风和降水对土壤温度的日较差影响很大。晴天时,由于白天土壤接受太阳辐射多,土壤温度上升快,夜间地面有效辐射大,土壤降温迅速,温度低,故日较差大。阴雨天时,白天吸热和夜间放热都少,故日较差小。土壤日较差随着土层深度不同而不同。土表日较差最大,随着深度增加,日较差不断变小,到达一定深度日较差变为零。一般土壤 80～100cm 深层的日较差为零。最高、最低温度出现的时间,随深度增加而延后,约每增深 10cm,延后 2.5～3.5h。

（二）土壤温度的年变化

一年内土壤温度随月份连续地变化,称之为土壤温度的年变化。在中、高纬度地区,土壤表面温度年变化的特点是:最高温度在 7 月份或 8 月份,最低温度在 1 月份或 2 月份。在热带地区,温度的年变化随着云量、降水的情况而变化。如印度 6～7 月份是雨季,太阳辐射能到地面较少,因此最高温度月份并不在 7 月而在雨季到来之前的 5 月份。最高温度月份与温度最低月份出现的时间落后于最大辐射差额和最小辐射差额出现的月份,其落后的情况随下垫面性质而异。凡是有利于表层土壤增温和冷却的因素,如土壤干燥、无植被、无积雪等都能使极值出现的时间有所提早。反之,则使最低温度于最高温度出现的月份推迟。

土壤的年较差随深度的增加而减小,直至一定的深度时,年较差为零。这个深度的土层称之为年温度不变层或常温层。土壤温度年变化消失的深度随纬度而异,低纬度地区,年较差消失层为 5—10m 处;中纬度地区消失于 15—20m 处;高纬地区较深,约为 20m。

各层土壤温度最低温度月份和最高温度月份出现的时间随深度的增加而延迟,每深 1m,延迟 20～30d。利用土壤深层温度变化较小的特点,可冬天窖贮蔬菜和种薯,高温季节可窖贮禽、蛋、肉,防止腐烂变质。

（三）土壤温度的垂直变化

由于土壤中各层热量昼夜不断地进行交换，使得一日中土壤温度的垂直分布具有一定的特点。一般土壤温度垂直变化分为 4 种类型，即辐射型（放热型或夜型）、日射型（受热型或昼型）、清晨转变型和傍晚转变型。辐射型以 1 时为代表，此时土壤温度随深度增加而升高，热量由下向上输导。日射型以 13 时为代表，此时土壤温度随深度增加而降低，热量从上向下输导。清晨转变型可以 9 时为代表，此时 5cm 深度以上是日射型，5cm 以下是辐射型。傍晚转变型可以 19 时为代表，即上层为放热型，下层为受热型。

一年中土壤温度的垂直变化可分为放热型（冬季，相当于辐射型）、受热型（夏季，相当于日射型）和过渡型（春季和秋季，相当于上午转变型和傍晚转变型）。

四、影响土壤温度变化的因素

1. 纬度与地形　高纬度地区，由于太阳照射倾斜度大，地面单位面积上接受太阳辐射能就少，土温低。而低纬度地区，太阳直射到地面上，单位面积上接受太阳辐射能就多，故土温较高。

高山大气流动频繁，气温较平地低，土壤接受辐射能量强，但由于与大气热交换平衡结果，土温仍较低于平地。

2 坡向　受阳光照射时间的影响，一般南坡、东南及西南坡光照时间长，受热多，土温高。

3. 大气透明度　白天空气干燥，杂质少（透明度高），地面吸收太阳辐射能较多，土温上升快。但晴空的夜晚，土壤散热也多，因此昼夜温差大。若是阴雨潮湿天气，情况则正相反。

4. 地面覆盖　地面覆盖物可以阻止太阳直接照射，同时也减少地面因蒸发而损失的热能，霜冻前，地面增加覆盖物可保土温不骤降，冬季积雪也有保温作用。地膜覆盖，即不阻碍太阳直接照射，又能减少热量损失，是增高土温的最有效措施。

5. 土壤颜色与质地　深色物质吸热快，向下散热也多，初春菜畦撒上草木灰可以提高土温。

土壤质地中砂土持水量低，疏松多孔，空气孔隙多，土壤导热率低，表土受热后向下传导慢，热容量小，地表增温快，且温差较大，所以早春砂性土可较一般地提早播种。黏性土与砂土正相反，春天播种要向后推迟。

五、土壤温度对植物生长的影响

土壤温度对植物生长发育的影响主要表现在：

1. 对植物水分吸收的影响　在植物生长发育过程中，随着土壤温度的增加，根系吸水量也在逐步增加。通常对植物吸水的影响又间接影响了气孔阻力，从而限制了光合作用。

2. 对植物养分吸收的影响　低温减少了植物对多数养分的吸收，以 30℃和 10℃下 48h 短期处理作比较，低温影响水稻对矿物质吸收顺序是磷、氮、硫、钾、镁、钙；但长期冷水灌溉降低土壤温度 3～5℃，则影响顺序为镁、锰、钙、氮、磷。

3. 对植物块茎块根形成的影响　马铃薯苗期土壤温度高生长旺盛，但并不增产，中期如高于 29℃不能形成块茎，以 15.6～22.9℃最适于块茎形成。土壤温度低，块茎个数多而小。

4. 对植物生长发育的影响　土壤温度对植物整个生育期都有一定影响,而且前期影响大于气温。如种子发芽对土壤温度有一定要求,小麦、油菜种子发芽所要求最低温度为1~2℃,玉米、大豆为8~10℃,水稻则为10~12℃。土壤温度变化还直接影响植物的营养生长和生殖生长,间接影响微生物活动、土壤有机质转化等,最终影响植物的生长发育和产量形成。

5. 影响昆虫的发生、发展　土壤温度对昆虫,特别是地下害虫的发生发展有很大影响。如金针虫,当10 cm土壤温度达到6℃左右,开始活动,当达到17℃左右活动旺盛,并危害种子和幼苗。

任务二　大气温度及其变化规律

知识点

1. 了解大气温度的变化规律。
2. 掌握大气温度对植物生长发育的影响。
3. 理解植物生产上常用的大气温度指标。
4. 掌握植物生长对温度环境的适应。
5. 理解植物对极端温度的适应及其抗性。

任务提出

大气温度是影响植物生长的另一重要因素,那么大气温度有怎样的变化规律? 对植物生长有何影响? 在生产上有哪些大气温度指标? 植物又是如何适应大气温度环境的变化?

任务分析

本次任务是对土壤温度状况有一全面的了解,为创造良好的土壤温度环境打下基础。

相关知识

一、大气温度及其变化规律

植物生长发育不仅需要提供适宜的土壤温度,也需要适宜的大气温度给予保证。大气温度简称气温,一般所说气温是指距地面1.5m高的大气温度。

(一)大气温度的日变化

大气温度的日变化与土壤温度的日变化一样,只是最高、最低温度出现的时间推迟,通常最高温度出现在14—15时,最低温度出现在日出前后的5~6时。气温的日较差小于土壤温度的日较差,并且随着距地面高度的增加,气温日较差逐渐减小,位相也在不断落后。

气温的日较差受纬度、季节、地形、土壤变化、地表状况等因素影响。气温日较差随着纬度的增加而减小。热带气温日较差平均为 $10\sim20℃$;温带为 $8\sim9℃$;而极地只有 $3\sim4℃$。一般夏季气温的日较差大于冬季,而一年中气温日较差在春季最大。凸出地形气温日较差比平地小;低凹地形气温日较差较平地大。陆地上气温日较差大于海洋,而且距海越远,日较差越大。砂土、深色土、干松土的气温日较差,分别比黏土、浅色土和潮湿土大。在有植物覆盖的地方,气温日较差小于裸地。晴天气温日较差大于阴天;大风天和有降水时,气温日较差小。

(二)大气温度的年变化

气温的年变化与土壤温度的年变化十分相似。大陆性气候区和季风性气候区,一年中最热月和最冷月分别出现在 7 月份和 1 月份,海洋性气候区落后 1 个月左右,分别在 8 月份和 2 月份。

影响气温年较差的因素有纬度、距海洋远近、地面状况、天气等。气温年较差随着纬度的增高而增大,赤道地区年较差仅为 1℃ 左右,中纬度地区为 20℃ 左右,高纬度地区可达30℃。海上气温年较差较小,距海近的地方年较差小,越向大陆中心,年较差越大;一般情况下,温带海洋上年较差为 11℃,大陆上年较差可达 $20\sim60℃$。凹地的年较差大于凸地的气温年较差,且随海拔升高而减小。一年中晴天较多地区,气温年较差较大;一年中阴(雨)天较多地区,气温年较差较小。

(三)气温的非周期性变化

气温除具有周期性日、年变化规律外,在空气大规模冷暖平流影响下,还会产生非周期性变化。在中高纬度地区,由于冷暖空气交替频繁,气温非周期性变化比较明显。气温非常周期性变化对植物生产危害较大,如我国江南地区 3 月出现的"倒春寒"天气,秋季出现的"秋老虎"天气,便是气温非周期性变化的结果。

(四)大气中的逆温

逆温是指在一定条件下,气温随高度的增高而增加,气温直减率为负值的现象。逆温按其形成原因,可分为辐射逆温、平流逆温、湍流逆温、下沉逆温等类型。这里重点介绍辐射逆温和平流逆温。

1. 辐射逆温　辐射逆温是指夜间由地面、雪面或冰面、云层顶等辐射冷却形成的逆温。辐射逆温通常在日落以前开始出现,半夜以后形成,夜间加强,黎明前强度最大。日出后地面及其邻近空气增温,逆温便自下而上逐渐消失。辐射逆温在大陆常年都可出现,中纬度地区秋、冬季尤为常见,其厚度可达 $200\sim300m$。

2. 平流逆温　平流逆温是指当暖空气平流到冷的下垫面时,使下层的空气冷却而形成的逆温。冬季从海洋上来的气团流到冷却的大陆上,或秋季空气由低纬度流向高纬度时,容易产生平流逆温。平流逆温在一天中任何时间都可以出现。白天,平流逆温可因太阳辐射才使地面受热而变弱,夜间可由地面有效辐射而加强。

逆温现象在农业生产上应用很广泛,如寒冷季节晾晒一些农副产品时,常将晾晒的产品置于一定高度,以免近地面温度过低而冻害。有霜冻的夜间,往往有逆温存在,烟熏防霜,烟雾正好弥漫在贴近地气层,保温效果好。防治病虫害时,也往往利用清晨逆温层,使药剂不致向上乱飞,而均匀地洒落在植株上。

二、大气温度变化对植物生长的影响

植物在整个生命周期中所发生的一切生理生化作用,都是在一定的温度环境中进行的。不同的温度环境决定了植物种类的分布,也对生长发育的各项活动产生重要影响。

1. 气温日变化与植物生长发育　气温日变化对植物的生长发育、有机质积累、产量和品质的形成有重要意义。植物生长发育在最适温度范围内随温度升高而加快,超过有效温度范围对植物产生危害。昼夜变温对植物生长有明显的促进作用,试验表明番茄生长与结实在昼夜变温条件下要比恒温下好得多。

植物生长发育期间,气温常处于下线与最适温度之间,这时日较差大是有利的,白天适当高温利于增强光合作用,夜间适当低温有利于减弱呼吸消耗,如我国西北地区的瓜果含糖高,品质好,与气温日较差大有密切关系。

在高纬度温差大地区,在较低温度下,日较差大有利于种子发芽,在较高温度下,日较差小有利于种子发芽。温度的日变化影响还与高低温的配合有关。

2. 气温年变化与植物生长发育　温度的年变化对植物生长也有很大影响,高温对喜凉植物生长不利,而喜温植物却需一段相对高温期。如四季如春的云南高原由于缺少夏季高温,有些水稻品种不能充分成熟;但在平均气温相近的湖北却生长良好。

气温的非周期性变化对植物生长发育易产生低温灾害和高温热害。

三、植物生产上常用的大气温度指标

(一)植物生长的三基点温度

在这一范围内,温度对植物生长发育的影响从其生理过程来讲,都有三个基本点温度,即最低温度、最适温度和最高温度,称为三基点温度。其中在最适温度范围内,植物生命活动最强,生长发育最快;在最低温度以下或最高温度以上,植物生长发育停止。不同植物的三基点温度是不同的,这与植物的原产地气候条件有关。原产北极或高山上的寒冷地区的植物,可在0℃或0℃以下的温度生长,最适温度一般很少超过10℃;原产低纬度温暖地区的植物,三基点温度范围较高。同一植物不同品种的三基点温度也有差异;同一品种植物不同生育阶段其三基点温度也是不同的。

(二)界限温度

具有普遍意义、能标志某些重要物候现象的开始、终止或转折点的日平均温度称为界限温度。重要的界限温度有0℃、5℃、10℃、15℃、20℃等。

0℃:初冬土壤冻结,越冬植物停止生长;早春土壤开始解冻,越冬植物开始萌动,早春植物开始播种。从早春日平均气温通过0℃到初冬通过0℃期间为"农耕期",低于0℃的时期为"农闲期"。

5℃:春季,多数树木开始生长;深秋,越冬植物进行抗寒锻炼,多数树木落叶。

10℃:春季喜温植物开始播种,喜凉植物开始迅速生长。秋季喜温植物也停止生长。大于10℃期间为喜温植物生长期,温带树种进入活跃生长期。

15℃:大于15℃期间为喜温植物的活跃生长期,暖温带树种进入活跃生长期。

20℃:大于20℃期间为热带、亚热带植物进入活跃生长期。

（三）积温和有效积温

1. 积温　植物生长发育不仅要有一定的温度，而且通过各种生育期或全生育期间需要一定的积累温度。一定时期的积累温度，即温度总和，称为积温。积温能表明植物在生育期内对热量的总要求，它包括活动积温和有效积温。在某一个时期内，如果温度较低，达不到植物所需要的积温，生育期就会延长，成熟期推迟。相反，如果温度过高，很快达到植物所需要的积温，生育期会缩短，有时会引起高温逼熟。

2. 活动积温和有效积温　高于最低温度（生物学下限温度）的日平均温度，叫活动温度。植物生育期间的活动温度的总和，叫活动积温。各种植物不同生育期的活动积温不同，同一个植物的不同品种所需求的活动积温也不相同。活动温度与最低温度（生物学下限温度）之差，叫有效温度。植物生育期内有效温度积累的总和，叫有效积温。不同植物或同一植物不同生育期间的有效积温也是不相同的。有效积温比较稳定，能更确切地反映植物对热量的要求。所以，在植物生产中，应用有效积温比较好。

3. 积温的应用　积温作为一个重要的热量指标，在植物生产中有着广泛的用途，主要体现在：

（1）用来分析农业气候热量资源：通过分析某地的积温大小、季节分配及保证率，可以判断该地区热量资源状况，作为规划种植制度和发展优势、高产、高效作物的重要依据。

（2）作为植物引种的科学依据：依据植物品种所需的积温，对照当地可提供的热量条件，进行引种或推广，可避免盲目性。

（3）为农业气象预报服务：作为物候期、收获期、病虫害发生期等预报的重要依据，也可根据杂交育种、制种工作中父母本花期相遇的要求，或农产品上市、交货期的要求，利用积温来推算适宜的播种期。

四、植物生长对温度环境的适应

植物生长环境中的温度是不断变化的，既有规律性的周期性变化，又有无规律性的变化。如昼夜温度的不同、四季温度的变化等都是有节律的温度变化，而夏季的炎热和冬季的冻害发生时的温度变化都是无节律的，没有周期性的。植物会对其所在生长的环境温度变化产生一定的适应性或抗性。

（一）植物的感温性

植物感温性是指植物长期适应环境温度的规律性变化，形成其生长发育对温度的感应特性。不同植物在不同发育阶段，对温度的要求不同，大多数植物生长发育过程中需要一定时期的较高温度，在一定的温度范围内随温度升高生长发育速度加快，有些植物或品种在较高温度的刺激下发育加快，及感温性较强。如水稻的感温性，晚稻强于中稻，中稻强于早稻。

春化作用是植物感温性的另一表现。许多秋播植物（如冬小麦）在其营养生长期必须经过一段低温诱导，才能转为生殖生长（开花结果）的现象，称为春化作用。根据其对低温范围和时间要求不同，可将其分为冬性类型、半冬性类型和春性类型 3 类。

冬性类型植物春化必须经历低温，春化时间也较长，如果没有经过低温条件则植物不能进行花芽分化和抽穗开花；一般为晚熟品种或中晚熟品种。半冬性类型植物春化对低温要求介于冬性和春性类型之间，春化时间相对较短，一般为中熟或早中熟品种。春性类型植物春化对低温要求不严格，春化时间也较短，一般为极早熟、早熟和部分早中熟品种。

（二）植物的温周期现象

植物的温周期现象是指在自然条件下气温呈周期性变化，许多植物适应温度的这种节律性变化，并通过遗传成为其生物学特性的现象。植物温周期现象主要是指日温周期现象。如热带植物适应于昼夜温度较高，振幅小的日温周期，而温带植物则适应于昼温较高，夜温较低，振幅大的日温周期。

在一定的温度范围内，昼夜温差较大更有利于植物的生长和产品质量的提高。如在不同昼夜温度下培育的火炬松苗，在昼夜温差最大时（日温 30℃、夜温 17℃）生长最好，苗高达 32.2cm；昼夜温差均在 17℃时，苗高 10.9cm，差异十分明显。温周期对植物生长的有利作用，是由于生长期中白天很少出现极端的、不利于植物生长的温度，白天适应高温有利于光合作用，夜间适当低温减弱呼吸作用，使光合产物消耗减少，净积累相应增多。

（三）植物对温度适应的生态类型

根据植物对温度的不同要求，一般可将植物分为以下 5 种类型：

1. 耐寒植物　这类植物的地上部分能耐高温，但一到冬季地上部分枯死，而以地下部分的宿根越冬，一般能耐 0℃ 以下的低温，如石竹、风铃草、迎春、丁香、紫藤等。

2. 半耐寒植物　这类植物不能长期忍受 -2～-1℃ 的低温，在长江以南地区可露地越冬，如柳树、松树、刺槐等。

3. 喜温植物　这类植物要求生长季有较多的热量，耐寒性较差，如椰子、榕树、杉木等。

五、植物对极端温度的适应及其抗性

自然界的温度变化有些是有节律的，有些是无节律的，突然的降温（低温）或突然升高（高温）都不是季节性的变温。这种非季节性（规律性）变温，称非节律性变温。极端温度就是危及植物生命功能的温度。它是非节律性的，包括极端高温和极端低温。极端温度对植物的伤害程度，不仅取决于极端温度的强度、持续时间与受影响的外界环境条件，同时也取决于植物的活力状况、所处的发育阶段以及锻炼程度等。

（一）植物对低温的适应和抗性

1. 低温对植物的危害　植物随低温的适应是有限度的，极端的低温对植物会产生伤害，甚至会将植物冻死。不会使植物受害的最低温度称为"临界温度"或"生物学零度"。超过临界温度，低温对植物的危害主要为寒害和冻害。

极端低温对植物的伤害除了与温度值有关外，还与降温速度有关。快速降温易导致植物受伤害。相同条件下，降温速度越快，植物受伤害越重。

低温持续时间长短也是决定植物受害程度的一个因素。低温期越长，则植物受害越重，如水稻孕期受低温影响，空壳率就高。

2. 植物对低温的适应与抗性　长期生长在低温环境中的植物通过自然界选择，在形态和生理功能方面表现出很多明显的适应性。在形态上的表现，如芽和叶上有油脂类物质保护，芽有鳞片，器官表面盖有蜡粉和密毛；树皮有较发达的木栓组织、植株矮小等。这些都有利于抵抗严寒。在生理方面主要是原生质特性的改变。一方面是细胞中水分的减少、细胞汁浓度增加；另一方面是由于淀粉水解，使细胞液浓度增加，植物冰点降低，防止质壁分离的发生和蛋白质的凝固。有些植物的叶片叶红素增加，吸收红外线，提高叶片温度。处于休眠状态下的植物，在表面形成了脂类化合物，水分不易通过，可以抵抗冻害的发生。

植物对低温的适应实质是对低温的抵抗,这种抵抗力是可以通过锻炼加强的。锻炼时常先对植物增加光照强度或延长光照时间,使植物积累丰富的糖类及其他产物,其后逐步降温,使植物进入抗低温锻炼。经锻炼后,抗寒性大大提高。一般锻炼可分为3个阶段进行:第一阶段在略高于0℃的低温下放置数天或数星期,使原生质积累糖和其他防护物质;第二阶段继续降温至5~3℃,此时经过锻炼可抵抗结冰、失水的危害;第三阶段植物放入-15~-10℃的低温环境,使植物获得最大的抗冻能力。经锻炼后的植物抗寒力大大增加。如春季温室、温床育苗时,在露天移栽前,必须先降低室温和床温,移栽不易受冻害。番茄移出前先经1~2d的10℃处理,栽后可抗5℃左右的低温。黄瓜经10℃锻炼可抗3~5℃低温。

(二)植物对高温的适应与抗性

1. 高温对植物的危害　　温度超过生物最适宜温度范围后再继续上升,就会对植物产生伤害,使植物生长发育受阻,甚至死亡。高温胁迫引起植物的伤害称热害。植物受害后,会出现各种热害病症:如叶片出现明显的水渍状烫伤斑点,随后变褐、坏死;叶绿素破坏严重,如叶色变为褐黄;木本植物树干(尤其是向阳部分)干燥、裂开;鲜果(如葡萄、番茄等)灼伤,有时甚至整个果实死亡;出现雄性不育、花序或子房脱落等异常现象。高温对植物的伤害分为直接伤害和间接伤害两种。

(1)直接伤害:主要是蛋白质变性和膜脂液化引起的。高温使蛋白质结构发生变化,失去原有的生物活性。最初变性是可逆的,但在持续高温作用下变性成为不可逆的凝聚状态。高温还能使构成生物膜的蛋白质与脂之间化学键断裂,使膜结构破坏,导致膜丧失选择透性与主动吸收的特性。

(2)间接伤害:主要是产生代谢性饥饿、有毒物质积累、蛋白质破坏和生理活性物质缺乏等。代谢性饥饿是由于高温过高,植物呼吸作用大于光合作用,贮存的营养物质消耗加快,造成饥饿,如果高温时间持续较长,植物就会饥饿而死。高温使植物呼吸作用增强,产生乙醛、乙醇及 NH_3 等有毒物质,对细胞产生毒害作用。高温除使蛋白质变性外,产生的水解酶使之分解。高温还阻碍蛋白质的合成受阻,以及使维生素、核苷酸、激素等物质合成受阻,导致植物生长不良。

2. 植物对高温的适应与抗性　　植物对高温的生态适应表现为形态和生理两个方面。在形态方面,有些植物体具有密生的绒毛、鳞片,有些植物体呈白色、银白色、叶片革质发亮等。有些植物叶片垂直排列,叶缘向光;有些植物如苏木的一些种,在气温高于35℃时,叶片折叠,减少光的吸收面积,避免热害。有些植物树干、根、茎表面具有很厚的木栓层,起隔绝高温、保护植物体的作用。

在生理方面主要表现3个方面:一方面是降低含水量。即在细胞内增加糖或盐的浓度,同时降低含水量,使细胞内原生质浓度增加,增强了原生质抗凝结的能力;细胞内水分减少,使植物代谢减慢,同样增强抗高温的能力。另一方面是旺盛的蒸腾作用。生长在高温强光下的植物大多具有旺盛的蒸腾作用,由于蒸腾而使体温比气温低,避免高温对植物的伤害。第三是有些植物具有反射红外线的能力。植物反射的红外线越多,就越不容易在高温下因过热而受害。

植物的抗热性在自然状态下,下午比上午强。当植物被移至阴凉条件下,所增加的抗热性就很快消失,但在持续高温多雨的情况下,它们的抗热性也可持续保持下去。此外,同一种植物在不同的发育阶段,抗热性也不同。植物休眠期最能抗高温,生长期抗热性很弱,随着植物生长,抗热性逐渐增强。植物的种类不同,抗高温能力也不相同。米兰在夏季高温下生长旺盛,花香浓郁,而仙客来、吊钟和水仙等因不能适应夏季高温而休眠,一些秋播花草在盛夏来临前即干枯死亡,以种子状态越夏。同一植物处于不同的物候期,耐高温的能力也不同。种子期最强,开花期最弱。在栽培过程中,应适时采用降温措施,如喷水、淋水、遮阴等,帮助植物安全度过炎热的夏季。

任务三　植物生长温度环境调控

技能点

采取不同的措施调控植物生长的温度环境。

知识点

掌握植物生长温度环境的调控措施。

任务提出

植物生长发育受到土壤温度与大气温度的双重影响,那么在生产上可以采取怎样的措施来调控温度呢?

任务分析

露地生长的植物是靠天生存为主,但人们可以采取一定的措施调控大气温度与土壤温度;设施栽培的植物在自然环境的基础上,更多地接受人工调控措施来影响温度,使其满足植物生长发育。

相关知识

合理调控环境的温度,有利于植物生长发育,也是农业生产提高产量的重要措施。常用的调控方法主要有:

一、合理耕作

农业生产常采用耕翻、培土、垄作和镇压等耕作措施,耕作改变了土表状态,影响了对太阳辐射的收支,但影响更大的是对土壤特性和水分状况的改变。

（一）耕翻松土

耕翻松土的作用主要有疏松土壤、通气增温、调节水汽、保肥保墒等。

松土的增温效应表现在：松土使土壤表层粗糙，反射率低，吸收太阳辐射增加。白昼或暖季，热量积累表层，温度比未耕地高，而其下层则比较低；夜间或冷季，松土表层温度比未耕地低，下层则较高。松土还影响层内和其以下土壤，低温时间，表层是降温效应，深层是增温效应；高温时间，表层是增温效应，深层是降温效应。

耕翻松土可切断土壤毛管联系，使下层土壤水分向土表提供减少，土壤蒸发减弱，因而表层温度高，土壤水分降低，而下层温度降低，湿度增大，有保墒效应。

（二）镇压

镇压是松土的相反过程，目的在于压紧土壤，破碎土块。镇压以后土壤空隙度减少，土壤热容量、导热率随之增大。因而清晨和夜间，土表增温，中午前后降温，土表日变幅小。据测定，5—10 cm 土壤温度日变幅，镇压比未镇压的小 2.2℃。特别是在降温季节，镇压过的土壤比未镇压的温度高。此外镇压可以使土壤的坷垃破碎，弥合土壤裂缝，在寒流袭击时可有效防止冷风渗入土壤危害植物。

（三）垄作

垄作的目的在于：增大受光面积，提高土壤温度，排除水渍，土松通气。在温暖季节，垄作可以提高表土层温度，有利于种子发芽和出苗。

垄作的增温效应受季节和纬度影响。暖季增温，冷季降温；高纬度地区增温效应明显，低纬度地区不明显；晴天增温明显，阴天增温不明显；干土增温明显，潮土反而降温；南北走向的垄比东西走向垄背上东西两侧土壤温度分布均匀，日变化小；表土增温比深层土壤明显。

在植物生产初期，垄作可减少反射率，因而增大了短波辐射收支；同时，由于垄作的辐射面大，地面有效辐射比平作高，且辐射增热和冷却方面也较平作急剧。

垄作具有排涝通气效应，多雨季节有利于排水抗涝。此外垄作增强了田间的光照强度，改善了通风状况，有利于喜温、喜光作物的生长，减轻病害。

二、地面覆盖

地面覆盖对土壤的温度的调控作用很大，也是常用的措施。在农业生产中常用覆盖方式有：地膜覆盖、秸秆覆盖、有机肥覆盖、草木灰覆盖、地面铺沙。

（一）地膜覆盖

一般地膜覆盖地温比外界地温高 5～10℃，最低温度比露地温度高 2～4℃。地膜覆盖具有增温、保墒、增强近地层光强和 CO_2 浓度的功能。增温效应以透明膜最好，绿色膜次之，黑色膜最小。目前是常用的保温措施，既适用于蔬菜、农作物，也适用于果树及花卉等。

（二）秸秆覆盖

利用秸秆或杂草覆盖，也是调节温度的主要的方式之一。在秋冬季节利用作物秸秆或从田间剃除的杂草覆盖，可以抵御冷风袭击，减少土壤水分蒸发，防止土壤热容量降低，利于保温和深层土壤热量向上运输。

（三）有机肥覆盖

有机肥覆盖一般在北方冬天，起到提高地温的作用。草木灰覆盖在土壤表面。由于加深了土壤颜色，可增强土壤对太阳辐射的吸收，减少反射。

（四）铺沙覆盖

我国西北地区甘肃省在农田上铺一层约 10cm 厚的卵石和粗沙,铺沙前土壤耕翻施肥,铺后数年乃至十几年不再耕翻;山西省则铺细沙,厚度较薄一般使用一年。据山西省研究,铺一层<0.2 cm 的细沙,在 3—4 月份地表可增温 1～3℃,5 cm 地温可增高 1.9～2.8℃,10 cm 地温提高 1.2～2.2℃,另外铺沙覆盖具有保水效应,可防止土壤盐碱化,温、湿度条件得到改善,有利于植物光合作用的加强,植株根系发达,叶面积大,促进其生育期提前。

其他覆盖,如无纺布浮面覆盖技术、遮阳网覆盖技术已普遍推广,其主要作用是调温、保墒、抑制杂草等方面。

三、以水调温

（一）灌溉

灌溉地由于地面反射率降低,太阳辐射收入增加且有效辐射减少,吸收热量较多。由于土壤含水量的增加,改变了土壤的热容量,使其明显增大。

灌溉地因热容量和导热率都比较大,土壤温度变幅比未灌溉小。在寒冷的季节灌溉可以提高地温,防止冻害的袭击。在华北地区,一般在元旦前后要对越冬植物进行灌溉,是防止冻害发生的有效措施。

灌溉对近地层的大气温度也有相应的影响。由于灌溉使地面蒸发耗热显著增加,乱流热交换减少,削弱空气的增温作用。因而高温阶段,灌溉地气温比未灌溉地的低;反之,在低温阶段,则灌溉地比未灌溉的高。即在高温季节,灌溉可以降低田间气温,防止高温灼伤。

（二）排水

在含水量过大的土壤中,土壤温度不易提高,特别在北方的春季不利于作物返青。采用排水,降低含水量,可以减小土壤热容量和导热率。白天接受的太阳辐射能量,向下传导的速度降低,且热容量又小,土壤表层的温度升高较快。夜晚深层土壤热量以辐射形式向大气散失的也较少,对春季作物返青提供了热量保证。适当降低含水量不仅可以提高地温,还可以使土壤养分的转化和分解,创造良好的土壤结构性和通气性,促进肥力的协调和发展。

四、设施增温与降温

（一）设施增温

设施增温是指在不适宜植物生长的寒冷季节,利用增温或防寒设施,人为地创造适于植物生长发育的气候条件进行生产的一种方式。

塑料大棚是用塑料膜覆盖的拱形棚,建造容易、设备简单、取材方便,透光和保温性能好,是我国保护地设施的主要形式之一。目前主要用于喜温蔬菜的提早、延后栽培,也可以用于育苗、花卉和食用菌的生产。为了提高塑料大棚的保温性能,进一步提早和延晚栽培时期,采用大棚内套小棚、小棚外套中棚、大棚两侧加草苫,以及固定式双层大棚、大棚内加活动式保温幕等多层覆盖方法,都有较明显的保温效果。

温室增温可以用人工加温的方法,使其内维持一定的温度。主要方法有:一是燃油热风机直接加热空气,通过通风孔直接吹出热空气进行加热;二是土壤加温,使用专业的电热线,埋设土壤中进行加温,一般用于苗床;三是空调加温,在温室中配置空调,启用加热功能为温室加温。

（二）设施降温

在高温季节，需要进行降温，塑料大棚降温最简单途径是通风，可以打开塑料大棚两侧覆盖的塑料薄膜，也可全部揭膜。

对于温室来说，在温度过高时，依靠自然通风（打开天窗）不能满足植物生长发育要求时，必须时行人工降温，一是遮光降温，在温室屋顶相距 40cm 处张挂遮阳网，对温室降温很有效。二是细雾降温法，在室内高处喷以直径小于 0.05mm 浮游性细雾，用强制通风气流使细雾蒸发，达到温室内均匀降温。三是湿帘排风法，在温室进风口内设 10cm 厚的纸垫窗或棕毛垫窗（湿帘），不断用水将其淋湿，温室另一端用排风扇抽风，使进入室内的空气先通过湿帘被冷却再进入到室内，起到降温效果。四是空调降温，利用空调制冷功能进行室内降温。

五、物理化学制剂应用

农业上使用的温度调节剂多数是用工业副产品生产的高分子化合物，如石油剂、造纸副产品等。在不同的季节使用的化学制剂类型不同，在冷季使用增温剂，在高温季节使用降温剂。

（一）增温剂

增温剂主要是一些工业副产品中的高分子化合物，如造纸副产品或石油剂等。这种物质稀释后喷洒于地面，与土壤颗粒结合形成一层黑色的薄膜，这种薄膜也叫液体地膜。液体地膜由于颜色深，吸光性较好，同时还有保水性，减少蒸发，从而保存热量，提高温度。一般可使 5 ～10 cm 地温增加 1～4℃；提高土壤含水量，特别是蒸发量大于 30％ 的土壤，含水量可提高 10％～20％。液体地膜不仅保温，提高含水量，还可以提高土壤中的微生物及生物酶的活性，促进土壤养分转化和利用率提高。这种膜降解后可以转化成有机肥，改善土壤结构特性，一般 60d 就可以降解，减少了"白色污染"。使用时将地面耙平，将原液稀释 3～5 倍后用喷雾器均匀地喷洒于地面，一般每公顷用量为 750kg。

据报道，液体地膜施用于棉花上，可显著提高幼苗质量、增加皮棉产量 10.7％。如喷洒于叶面上时，能降低叶片的蒸腾速率和气孔导率，提高叶片水分利用效率达 22.9％～34.3％，但对净光合速率无明显影响；应用于玉米生产中时，出苗率最高比对照提高 5.6％，5 cm 地温平均比对照提高 15.3％，玉米产量提高幅度可达 1.5％～6.2％。在水稻、蔬菜、花卉育苗中施用时，可提早出苗 5～10d。

（二）降温剂

在高温季节为了避免植物灼伤，要用降温剂。降温剂实质上是白色反光物质，它具有反射强、吸收弱、导热差，以及化学物质结合的水分释放出来时吸收热量而降温的特性。一般可使晴天 14 时的地面温度降低 10～14℃，有效期可维持 20～30 d，可有效防止热害、旱害和高温逼熟的现象发生。

复习思考题

1. 农业界限温度有哪些,有何标志意义?
2. 积温在农业生产中有哪些方面的应用?
3. 温度对植物生长有哪些方面的影响?
4. 为培养植物对低温的抗性,锻炼分哪几个阶段?
5. 高温对植物的危害有哪些?
6. 植物对高温的适应在生理方面有哪些表现?
7. 农业上调节温度的耕作措施有哪些?
8. 请以地膜覆盖为例,说明保温的原理。
9. 化学制剂中增温剂对植物主要有哪些作用?

学习情境六

植物生长养分环境调控

任务一　植物生长与养分环境

1. 辨别植物生长必需的营养元素。
2. 掌握根外营养的方式。
3. 掌握不同的施肥方法。

1. 植物生长的营养元素与必需营养元素。
2. 必需营养元素与植物生长的关系。
3. 植物对养分的根部吸收与根外营养。
4. 合理施肥原理与方法方式。

植物生长发育从土壤中吸收养分,哪些是其必不可少的? 植物又是如何吸收土壤中的养分呢? 除了依赖根系,植物的茎、叶能否吸收养分呢? 为什么要施肥? 施肥又有哪些方法?

本次任务是了解植物生长与养分环境之间的各种关系,掌握合理施肥的原理与方法。

一、植物生长的营养元素

新鲜的植物体由水和干物质两部分组成,干物质又可分为有机质和矿物质两部分。水分要占新鲜植物体的 $75\% \sim 95\%$,干物质占到 $5\% \sim 25\%$。如果将新鲜植株中的水分烘干,剩下的部分为干物质,绝大部分是有机物,一般占干物质重的 $90\% \sim 95\%$,其余的一般占干物质重的 $5\% \sim 10\%$ 是无机物。干物质经灼烧后,有机物质被氧化而分解,并以各种气体的形式逸出,这些气体的主要成分是碳(C)、氢(H)、氧(O)、氮(N)4 种元素;植物体煅烧后不挥发的残留部分为灰分,其成分相当复杂,包括磷(P)、钾(K)、钙(Ca)、镁(Mg)、硫(S)、铁

（Fe）、锰（Mn）、锌（Zn）、铜（Cu）、钼（Mo）、硼（B）、氯（Cl）、硅（Si）、钠（Na）、钴（Co）、铝（Al）、镍（Ni）、钒（V）、硒（Se）等。现代分析技术研究表明,在植物体内可检出 70 多种矿质元素,几乎自然界里存在的元素在植物体内部都能找到。然而,由于植物种类和品种的差别,以及气候条件、土壤肥力、栽培技术的不同,都会影响植物体内元素的组成。如盐土中生长的植物含有钠（Na）,酸性红黄壤上的植物含有铝（Al）,海水中生长的海带含有较多的碘（I）等。这就说明,植物体内吸收的元素,一方面受植物的基因所决定;另一方面还受环境条件所影响。这也同时说明,植物体内所含的灰分元素并不全部都是植物生长发育所必需的。有些元素可能是偶然被植物吸收的,甚至还能大量积累;但是,有些元素对于植物的需要量虽然极微,然而却是植物生长不可缺少的营养元素。因此,植物体内的元素可分为必需营养元素和非必需营养元素。

（一）植物必需营养元素的确定

通过营养溶液培养法来确定植物生长发育必需的营养元素是较为可靠的。方法是在培养液中系统地减去植物灰分中某些元素,而植物不能正常生长发育,这些缺少的元素,无疑是植物营养中所必需的。如省去某种元素后,植物照常生长发育,则此元素属非必需的。1939 年阿诺（Arnon）和斯吐特（Stout）提出了高等植物必需营养元素判断的三条标准:

第一,如缺少某种营养元素,植物就不能完成其生活周期;

第二,如缺少某种营养元素,植物呈现专一的缺素症,其他营养元素不能代替它的功能,只有补充它后症状才能减轻或消失;

第三,在植物营养上直接参与植物代谢作用,并非由于它改善了植物生活条件所产生的间接作用。

当某一元素符合这三条标准的,则称为必需营养元素。目前确定了以下 17 种高等植物必需营养元素:碳（C）、氢（H）、氧（O）、氮（N）、磷（P）、钾（K）、钙（Ca）、镁（Mg）、硫（S）、铁（Fe）、锰（Mn）、硼（B）、铜（Cu）、锌（Zn）、钼（Mo）、氯（Cl）和镍（Ni）。

（二）植物必需营养元素的分组

1. 按必需营养元素在植物体内的含量分组　在 17 种必需营养元素中,由于植物对它们的需要量不同,可以分为大量营养元素、中量营养元素和微量营养元素。

（1）大量营养元素:大量营养元素一般占植株干物质重量的百分之几十到千分之几。它们是碳（C）、氢（H）、氧（O）、氮（N）、磷（P）、钾（K）6 种。

（2）中量营养元素:中量营养元素的含量占植株干物质重量的百分之几到千分之几,它们是钙（Ca）、镁（Mg）、硫（S）3 种,有人也称这三种营养元素叫次量元素。

（3）微量营养元素:微量营养元素的含量只占植株干物质重量的千分之几到十万分之几。它们是铁（Fe）、硼（B）、锰（Mn）、铜（Cu）、锌（Zn）、钼（Mo）、氯（Cl）、镍（Ni）8 种。

2. 按必需营养元素的一般生理功能分组　各种必需营养元素在植物体内都有着各自独特的作用,但营养元素之间在生理功能方面也有相似性,依此可以把营养元素分为以下四组:

（1）构成植物活体的结构物质和生活物质的营养元素,它们是 C、H、O、N、S。结构物质是构成植物活体的基本物质,如纤维素、半纤维素、木质素及果胶物质等。而生活物质是植物代谢过程中最为活跃的物质,如氨基酸、蛋白质、核酸、类脂、叶绿素、酶等。C、H、O、N 和 S 同化为有机物的反应是植物新陈代谢的基本生理过程。

（2）P、B 和 Si 有相似的特性，都以无机阴离子或酸的形态而被吸收，在植物细胞中，它们或以上述无机形态存在或与醇结合形成酯类。

（3）K、Na、Ca、Mg、Mn 和 Cl 以离子形态从土壤溶液中被植物吸收，在植物细胞中，它们只以离子形态存在于汁液中，或被吸附在非扩散的有机阴离子上。

（4）Fe、Cu、Zn、Mo 和 Ni 主要以螯合形态存在于植物中。

（三）肥料三要素

1. 必需营养元素的来源　在 17 种必需营养元素中，碳、氢和氧是植物从空气和水中取得的。氮素除豆科植物可以从空气中固定一定数量的氮素外，一般植物主要是从土壤中取得氮素，其余的 13 种营养元素都是从土壤中吸取的，这就是说土壤不仅是支撑植物的场所，而且还是植物所需养分的供给者。进一步研究表明，不仅各种植物对土壤中各种元素的需要量不同，而且土壤供应各种营养元素的能力也有差异。这主要是受成土母质种类和土壤形成时所处环境条件等因素的影响，使它们在养分的含量上有很大差异，尤其是植物能直接吸收利用的有效态养分的含量，更是差异悬殊。因此，土壤养分供应状况往往对植物产量有直接影响。

2. 肥料三要素　在土壤的各种营养元素之中，除了 C、H、O 外，N、P、K 三种元素是植物需要量和收获时所带走较多的营养元素，而它们通过残茬的形式归还给土壤的数量却又是最少的，一般归还比例（以根茬落叶等归还的养分量占该元素吸收总量的百分数）还不到10%，而一般土壤中所含的能为植物利用的这三种元素的数量却都比较少。因此，在养分供求之间不协调，并明显的影响着植物产量的提高。为了改变这种状况，逐步地提高植物的生产水平，需要通过肥料的形式补给土壤，以供植物吸收利用。所以，人们就称它们为"肥料三要素"或"植物营养三要素"或"氮磷钾三要素"。自 19 世纪以来，人们非常重视研究三要素的增产增质作用，这就促进了氮、磷、钾化肥工业的迅速发展，补充了土壤氮磷钾养分的亏缺，提高了产量。

（四）必需营养元素与植物生长

植物体在整个生育期中需要吸收各种必需营养元素，且数量有多有少，它们之间差异很大，也只有保持这样的数量和比例，植物体才能健康地生长发育，为人类生产出尽可能多的产量，否则某一种必需营养元素不足或缺乏，就会影响植物体的生长发育，导致生产最终没有产量的结果，所以，必需营养元素与植物生长发育是紧密相关的。生产上，土壤中各种有效养分的数量并不一定就符合植物体的要求，往往需要通过施肥来调节，使之符合植物的需要，这就是养分的平衡。土壤养分平衡是植物正常生长发育的重要条件之一。

值得注意的是，随着化肥工业的发展，化肥施用水平不断提高，在单一施用氮肥的情况下，很多地区已表现出土壤缺磷、缺钾，或缺微量元素，破坏了养分平衡，植物生长受到明显的抑制，产量不可能再提高。我们把人为施肥造成的养分比例不平衡，称为养分比例失调。养分比例失调会严重影响植物对其他营养元素的吸收和体内代谢过程，最后导致产量降低，品质下降。

不同的必需营养元素对植物的生理和营养功能各不相同，但对植物生长发育都是同等重要的，任何一种营养元素的特殊功能都不能被其他营养元素所代替，这就叫营养元素的同等重要律和不可代替律。

营养元素的同等重要和不可代替包含着两个方面的内容。首先各种营养元素的重要性不因植物对其需要量的多少而有差别,植物体内各种营养元素的含量差别可达十倍、千倍、甚至十万倍,但它们在植物营养中的作用,并没有重要和不重要之分。缺少大量营养元素固然会影响植物的生长发育,最终影响产量;缺少微量营养元素也同样会影响植物的生长发育,也必然影响产量。例如植物体内氮素不足时,表现为植株生长慢,老叶先黄化,造成早衰减产;植物需要微量营养元素虽然很少,但也同植物生长发育所必需的大量营养元素一样是不可缺少的。例如玉米缺锌时呈现"白苗病",严重时不抽雄穗;油菜缺硼时,严重时幼苗死亡,轻者呈现"花而不实"症。

其次,各种必需营养元素都有着某些独特的和专一的功能,其他必需营养元素是不可代替的。即磷不能代替氮,钾不能代替磷。在缺磷的土壤只有靠施用磷肥去解决,而施用其他元素则无效,甚至会加剧缺乏,造成养分比例失调。因此,生产上,在考虑植物施肥时,必须根据植物营养的要求去考虑不同种类肥料的配合,以免导致某些营养元素的供应失调。

二、植物对养分的吸收

植物对养分的吸收有根部营养和根外营养两种方式。植物的根部营养是指植物根系从营养环境中吸收养分的过程。根外营养是指植物通过叶、茎等根外器官吸收养分的过程。

(一)植物的根部营养

大多数陆生植物都有庞大的根系。根毛因其数量多、吸收面积大、有粘性、易与土壤颗粒紧贴而使根系养分吸收的速度与数量成十倍、百倍甚至千倍地增加。根毛主要分布在根系的成熟区,因此根吸收养分最多的部位大约在离根尖 10cm 以内,愈靠近根尖的地方吸收能力愈强。

1. 土壤养分离子向根表迁移的方式　分散在土壤各个部位的养分离子常通过截获、扩散和质流三种方式到达根系附近或根表。

(1)截获:截获是指植物根系在生长与伸长过程中直接与土壤中养分接触而获得的养分的方式。土壤固相上交换性离子可以与根系表面离子养分直接进行交换,而不一定通过土壤溶液到达植物根系表面。仅靠根系生长时直接获得的养分是有限的,一般只占植物吸收总量的 $0.2\% \sim 10\%$,远远不能满足植物的生长需要。

(2)扩散:扩散是由于根系吸收养分而使根圈附近和离根较远处的离子浓度存在浓度梯度而引起土壤中养分的移动。土壤中养分扩散是养分迁移的主要方式之一,因为,植物不断从根部土壤中吸收养分,使根际土壤溶液中的养分浓度相对降低,或者施肥都会造成根际土壤和土体之间的养分浓度差异,使土体中养分浓度高于根际土壤的养分浓度,因此就引起了养分由高浓度向低浓度处的扩散作用。硝酸根离子(NO_3^-)、氯离子(Cl^-)、钾离子(K^+)、钠离子(Na^+)等养分离子容易通过扩散形式达到根表面。

(3)质流:质流是因植物蒸腾、根系吸水而引起水流中所携带的溶质由土壤向根部流动的过程。其作用过程是植物蒸腾作用消耗了根际土壤中大量水分以后,造成根际土壤水分亏缺,而植物根系为了维持植物蒸腾作用,必需不断地从根周围环境中吸取水分,土壤中含有的多种水溶性养分也就随着水分的流动带到根的表面,为植物获得更多的养分提供了有利条件。如硝酸根离子(NO_3^-)、氯离子(Cl^-)、硫酸根离子(SO_4^{2-})、钠离子(Na^+)等主要通过质流到达根系表面。

扩散和质流是使土体养分迁移至植物根系表面的两种主要方式。但在不同的情况下,这两个因素对养分的迁移所起的作用却不完全相同。一般认为,在长距离时,质流是补充养分的主要形式;在短距离内,扩散作用则更为重要。

值得说明的是:虽然土壤中的养分是可以迁移的,但其迁移的距离较短。在田间通常的土壤含水量范围内,土壤水运动的距离不过几个厘米,养分迁移的距离就可想而知,所以,施肥的位置和深度是相当重要的。一般来讲,种肥(除与种子混播的肥料外)施用深度应距种子一定距离和播种相适应的地方,而基肥则应将肥料施到根系分布最稠密的耕作层之中(20cm 左右)。在植物生长期间进行追肥时,也应根据肥料的性质和种植状况,把它施到近根系的地方。这样可以使溶解度小的肥料(如磷肥)提高其溶解度,减少铵态氮的挥发和硝态氮的流失所造成的损失。

2. 植物根系吸收养分的形态　植物根系可吸收离子态和分子态的养分,一般以离子态养分为主,其次为分子态养分。土壤中呈离子态的养分主要有一、二、三价阳离子和阴离子,如钾离子(K^+)、氨根离子(NH_4^+)、钙离子(Ca^{2+})、镁离子(Mg^{2+})、铜离子(Cu^{2+})、硝酸根离子(NO_3^-)、硫酸根离子(SO_4^{2-})等。植物对离子态养分的吸收方式有被动吸收和主动吸收。

(1)被动吸收:被动吸收是指养分离子通过扩散等不需要消耗能量通过细胞膜进入细胞质的过程。通过截获、扩散、质流等方式迁移到植物根系表面的无机养分,进入根细胞的自由空间,然后在"自由空间"里进行离子交换而进入细胞内。被动吸收分两种情况,一种是根系表面和土壤溶液之间的离子交换;另一种是根系与土壤固体颗粒之间的离子交换,也称接触交换。

(2)主动吸收:主动吸收是一个逆电化学势梯度且消耗能量的有选择性地吸收养分的过程。究竟养分是如何进入植物细胞膜内,到目前为止还不十分清楚。很多研究学者提出了不少假说。解释主动吸收的机理主要有载体学说、离子泵学说等。

植物根系不仅能吸收无机态养分,也能吸收有机态养分,主要是一些小分子有机化合物,如尿酸、氨基酸、磷脂、生长素等。有机养分究竟以什么方式进入根细胞,目前还不十分清楚。解释机理主要是胞饮学说。胞饮现象是一种需要能量的过程,故也属于主动吸收。它不是细胞对养分主动吸收的主要途径,同时也不是逆浓度梯度的主动吸收。大部分有机态养分需要经过微生物分解转变为离子态养分后,才能被植物吸收利用。

(二)植物的根外营养

植物通过地上部分器官吸收养分和进行代谢的过程,称为根外营养。根外营养是植物营养的一种方式,但只是一种辅助方式。生产上把肥料配成一定浓度的溶液,喷洒在植物叶、茎等地上器官上,称根外追肥。

1. 根外营养的特点　根外营养和根部营养比较起来,一般具有以下特点:

(1)直接供给养分,防止养分在土壤中的固定:有些易被土壤固定的营养元素如磷、锰、铁、锌等,根外追肥能避免土壤固定,直接供给植物需要;某些生理活性物质,如赤霉素、B₉等,施入土壤易于转化,采用根外喷施就能克服这种缺点。

(2)吸收速率快,能及时满足植物对养分的需要:用 ^{32}P 在棉花上试验,涂于叶部,5min 后各器官已有相当数量的 ^{32}P。而根部施用经 15 天后 ^{32}P 的分布和强度仅接近于叶部施用后 5min 叶的情况。一般尿素施入土壤,4～5 天后才见效果。但叶部施用只需 1～2 天就可显出效果。由于根外追肥的养分吸收和转移的速度快,所以,这一技术可作为及时防治某些缺素症或植物因遭受自然灾害,而需要迅速补救营养或解决植物生长后期根系吸收养分能力弱的有效措施。

（3）促进根部营养，强株健体：据研究，根外追肥可提高光合作用和呼吸作用的强度，显著地促进酶活性，从而直接影响植物体内一系列重要的生理生化过程；同时也改善了植物对根部有机养分的供应，增强根系吸收水分和养分的能力。

（4）节省肥料，经济效益高：根外喷施磷、钾肥和微量元素肥料，用量只相当于土壤施用量的 10%～20%。肥料用量大大节省，成本降低，因而经济效益就高，特别是对微量元素肥料，采用根外追肥不仅可以节省肥料，而且还能避免因土壤施肥不匀和施用量过大所产生的毒害。

2. 影响根外营养效果的因素

（1）溶液的组成：喷施的溶液中不同的溶质被叶片吸收的速率是不相同的。钾被叶片吸收速率依次为 $KCl>KNO_3>K_2HPO_4$，而氮被叶片吸收的速率则为尿素＞硝酸盐＞铵盐。在喷施生理活性物质和微量元素肥料时，加入尿素可提高吸收率和防止叶片出现暂时黄化。

（2）溶液的浓度及 pH 值：在一定浓度范围内，营养物质进入叶片的速度和数量，随浓度的增加而增加。一般在叶片不受肥害的情况下，适当提高浓度，可提高根外营养的效果，尿素透过的速度与浓度无关，并比其他离子快 10 倍，甚至 20 倍；尿素与其他盐类混合，还可提高盐类中其他离子的通透速度。同时还要注意某些微量元素的有效与毒害的浓度差别很小，更应严格掌握，以免植物受害。

溶液的 pH 值随供给的养分离子形态不同可有所不同，如果主要供给阳离子时，溶液调至微碱性，反之供给阴离子时，溶液应调至弱酸性。

（3）溶液湿润叶片的时间：溶液湿润叶片时间的长短同样影响着根外追肥的效果。研究表明，保持叶片湿润的时间在 30min 至 1h 内吸收的速度快、吸收量大；要使养分能在叶茎上保持较长时间，一般喷施时间最好在傍晚无风的天气下进行，可防止叶面很快变干。同时使用"湿润剂"来降低溶液的表面张力，增大溶液与叶片的接触面积，对提高喷施效果也有良好作用。

（4）叶面积大小与养分吸收：双子叶植物，因叶面积大，角质层较薄，溶液中的养分易被吸收；而单子叶植物，叶面积小，角质层较厚，溶液中养分的吸收比较困难，在这类植物上进行根外追肥要加大浓度。从叶片结构上看，叶子表面的表皮组织下是栅状组织，比较致密；叶背面是海绵组织，比较疏松、细胞间隙较大，孔道细胞也多，故喷施叶背面养分吸收快些。

（5）喷施次数及部位：不同养分在叶细胞内的移动是不同的。一般认为，移动性很强的营养元素为氮、钾、钠，其中氮＞钾＞钠；能移动的营养元素为磷、氯、硫，其中磷＞氯＞硫；部分移动的营养元素为锌、铜、钼、锰、铁等微量元素，其中锌＞铜＞锰＞铁＞钼；不移动的营养元素有硼、钙等。在喷施比较不易移动的营养元素时，必须增加喷施的次数，同时必须注意喷施部位，如铁肥，只有喷施在新叶上效果较好。每隔一定时期连续喷洒的效果，比一次喷洒的效果好。但是喷洒次数过多，必然会多用劳力，增加成本，因此生产实践中应掌握在2～3次为宜，同时喷施在新叶上效果好。

（三）植物吸收离子的相互作用

植物吸收的离子间相互作用主要表现为拮抗作用和协同作用。拮抗作用是指某一离子的存在，能抑制植物对另一种离子的吸收或运转的现象。协同作用指某一离子的存在能促进植物对另一种离子的吸收或运转，或相互间表现为促进的现象。

拮抗作用主要表现在阳离子与阳离子之间或阴离子与阴离子之间。据试验，K^+、Cs^+和 Rb^+ 之间有拮抗作用；NH_4^+ 对 Cs^+ 也有这种作用，但不及 K^+、Cs^+ 和 Rb^+ 间那样明显。二价离子之间同样有此作用。一价离子和二价离子之间也有拮抗作用。

协同作用主要表现在阴离子与阳离子之间或阳离子与阳离子之间。阳离子之间的协同作用最典型的是维茨效应。研究表明，溶液中的 Ca^{2+}、Mg^{2+}、Al^{3+} 等二价及三价离子，特别是 Ca^{2+}，能促进 K^+、Rb^+ 等的吸收。

（四）植物营养的特性

1. 植物营养的选择性　植物常常根据自身的需要，对外界环境中的养分有高度的选择性。当把植物栽培在同一种土壤上，常因植物种类不同，它们所吸收的矿物质成分和总量就会有很大的差别。如薯类植物需钾比禾本科植物多；豆科植物需磷较多；叶菜类需氮较多，所以，施肥时必须考虑植物的营养特性。

2. 植物营养的连续性和阶段性　植物营养期是指植物从土壤中吸收养分的整个时期。在植物营养期的每个阶段中，都在不间断地吸收养分，这就是植物吸收养分的连续性。但植物对养分的吸收又有明显的阶段性。这主要表现在植物不同生育期中，对养分的种类、数量和比例有不同的要求。在植物营养期中，植物对养分的需求，有两个极为关键的时期，一个是植物营养的临界期，另一个是植物营养的最大效率期。

（1）植物营养的临界期：在植物营养过程中，有一时期对某种养分的要求在绝对数量上不多，但很敏感、需要迫切，此时如缺乏这种养分，植物生长发育和产量都会受到严重影响，并由此造成的损失，即使以后补施该种养分也很难纠正和弥补。这个时期称为植物营养的临界期。一般出现在植物生长的早期阶段。水稻、小麦磷素营养临界期在三叶期，棉花在二三叶期，油菜在五叶期以前；水稻氮素营养临界期在三叶期和幼穗分化期，棉花在现蕾初期，小麦和玉米一般在分蘖期、幼穗分化期；钾的营养临界期资料较少。

（2）植物营养最大效率期：在植物生长发育过程中还有一个时期，植物需要养分的绝对数量最多，吸收速率最快，肥料的作用最大，增产效率最高，这个时期称为植物营养最大效率期。植物营养最大效率期一般出现在植物生长的旺盛时期，或在营养生长与生殖生长并进时期。此时植物生长量大，需肥量多，对施肥反应最为明显。如玉米氮肥的最大效率期一般在喇叭口至抽雄初期，棉花的氮、磷最大效率期在盛花始铃期。为了获得较大的增产效果，应抓住植物营养最大效率期这一有利时期适当追肥，以满足植物生长发育的需要。

三、合理施肥的基本原理

（一）合理施肥的基本原理

1. 养分归还学说　19 世纪中叶，德国化学家李比希（J. V. Liebig）根据索秀尔（Saussure）、施普林盖尔（Sprengel）等人的研究和他本人的大量化学分析材料，认为植物仅从土壤中摄取为其生活所必需的矿物质养分，每次收获必从土中带走某些养分，使得这些养分物质在土壤中贫化。但土壤贫化程度因植物种类而不同，进行的方式也不一致。某些植物（例如豌豆）主要摄取石灰（Ca），其他一些则大量摄取钾，另外一些（谷类植物）主要摄取硅酸，因此，植物轮换茬只能减缓土壤中养分物质的贫竭和协调地利用土壤中现存的养分源泉。如果不正确地归还植物从土壤中所摄取的全部物质，土壤肥力迟早是要衰竭的。要维持地力就必须将植物带走的养分归还于土壤，办法就是施用矿质肥料，使土壤的养分损耗和营养物质的归还之间保持着一定的平衡。这就是李比希的养分归还学说。其要点是为恢复地力和提高植物单产,通过施肥把植物从土壤中摄取并随收获物而移走的那些养分归还给土壤。自从养分归还学说问世之后,不仅诞生了巨大的化肥工业,而且使农民知道要耕种并持续不断的高产就得向土壤施入肥料。

2.　最小养分律　为了有效地施用化学肥料,李比希在自己的试验基础上,于1843年又创出了最小养分律。按李比希自己的说法是"田间植物产量决定于土壤中最低的养分,只有补充了土壤中的最低养分才能发挥土壤中其他养分的作用,从而提高农植物的产量"。这就是施肥的"木桶理论"。最小养分律是科学施肥的重要理论之一。当代的平衡施肥理论就是以李比希的最小养分律为依据发展建立的。生产上及时注意最小养分的出现并不失时机的予以弥补,使得产量持续不断的增产,但是在应用最小养分方面应注意以下三点:

第一,最小养分是指土壤中有效性养分含量相对最少的养分;

第二,补充最小养分时,还应考虑土壤中对植物生长发育必需的其他养分元素之间的平衡;

第三,最小养分是可变的,它是随植物产量水平和土壤中养分元素的平衡而变化。必须经常进行土壤养分的测定,研究土壤-植物系统中养分的变化,及时通过科学施肥平衡和调整。

3.　报酬递减律　报酬递减律是一个经济学上的定律。18世纪后期,欧洲经济学家杜尔哥和安德森根据投入与产出之间的关系提出来的。目前对该定律的一般表述是:从一定土地上所得到的报酬随着向该土地投入的劳动和资本量的增大而有所增加,但随着投入的单位劳动和资本量的增加,到一个"拐点"时,投入量再增加,则肥料的报酬却在逐渐减少。亦即最初的劳力和投资所得到的报酬最高,以后递增的单位劳力和投资所得到的报酬是渐次递减的。

要强调指出的是,报酬递减律是有前提的,它只反映在其他技术条件相对稳定情况下,某一限制因子(或最小养分)投入(施肥)和产出(产量)的关系。如果在生产过程中,某一技术条件有了新的改革和突破,那么原来的限制因子就让位于另一新的因子,同样,当增加的新的限制因子达到适量以后,报酬仍将出现递减趋势。充分认识报酬递减规律,在施肥实践中,就可以避免盲目性,提高利用率,发挥肥料的最大经济效益。

4.　因子综合作用律　植物产量是光照、水分、养分、温度、品种及耕作栽培措施等因子综合作用的结果,但其中必有一个起主导作用的限制因子,产量在一定程度上受该限制因子的制约。

(二)合理施肥的方式方法

1.　合理施肥时期　植物有营养期且有阶段营养期,在植物营养期内就要根据苗情而施肥,所以施肥的任务不是一次就能完成的。对于大多数一年生或多年生植物来说,施肥应包括基肥、种肥和追肥3个时期。每个施肥时期都起着不同的作用。

(1)基肥:也常称为底肥,它是在播种(或定植)前结合土壤耕作施入的肥料。其作用是双重的,一方面是培肥和改良土壤,另一方面是供给植物整个生长发育时期所需要的养分。通常多用有机肥料,配合一部分化学肥料作基肥。

(2)种肥:种肥是指播种或定植时施于种子或植物幼株附近或与种子混播或与植物幼株混施的肥料。种肥一般多选用腐熟的有机肥料或速效性化学肥料以及细菌肥料等。凡是浓度过大、过酸、或过碱、吸湿性强、溶解时产生高温及含有毒副成分的肥料均不宜作种肥施用。例如碳酸氢铵、硝酸铵、氯化铵、土法生产的过磷酸钙等均不宜作种肥。

（3）追肥：追肥是指在植物生长发育期间施用的肥料，其作用是及时补充植物在生育过程中所需的养分，以促进植物进一步生长发育，提高产量和改善品质，一般以速效性化学肥料作追肥。

2. 合理施肥的方法　在生产实践中，常用的施肥方法主要有：

（1）撒施：是指肥料均匀撒于地表，然后把肥料翻入土中。凡是施肥量过大的或密植植物如小麦、水稻、蔬菜等封垄后追肥以及根系分布广的植物都可以采用撒施方法。

（2）条施：是指开沟条施肥料后覆土。一般在肥料比较少的情况下施用，玉米、棉花及垄栽红薯多用条施。

（3）穴施：是在播种前把肥料施在播种穴中，而后覆土播种。其特点是施肥集中，用肥量少，增产效果较好，果树、林木多用穴施法。

（4）分层施肥：将肥料按不同比例施入土壤的不同层次内。

（5）随水浇施：在灌溉（尤其是喷灌）时将肥料灌溉水而施于土壤的方法。

（6）根外追肥：把肥料配成一定浓度的溶液，喷洒在植物叶面，以供植物吸收。

（7）环状和放射状施肥：环状施肥常用于果园施肥，是在树冠外围垂直地面上，挖一环状沟，深、宽各 30～60cm，施肥后覆土踏实。来年在施肥时可在第一年施肥沟的外侧再挖沟施肥，以逐年扩大施肥范围。放射状施肥是在距树木一定距离处，以树干为中心，向树冠外围挖 4～8 条放射状直沟，沟深、宽各 50cm，沟长与树冠相齐，肥料施在沟内，来年再交错位置挖沟施肥。

（8）拌种和浸种：拌种是将肥料与种子均匀拌和后一起播入土壤。浸种是用一定浓度的肥料溶液来浸泡种子，待一定时间后，取出稍晾干后播种。

（9）蘸秧根：对移栽植物如水稻等，将磷肥或微生物菌剂制成一定浓度的悬浊液，浸蘸秧根，然后定植。

（10）盖种肥：开沟播种后，用充分腐熟的有机肥或草木灰盖在种子上面的施肥方法。具有供给幼苗养分、保墒和保温作用。

任务二　化肥特性与合理施用

技能点

1. 分析土壤中的氮素水平，合理施用氮肥。
2. 分析土壤中磷素水平，合理施用磷肥。
3. 分析土壤中钾素水平，合理施用钾肥。
4. 了解微肥、复合肥的养分组成与合理施用。

知识点

1. 土壤氮素与氮肥合理施用。

2. 土壤磷素与磷肥合理施用。

3. 土壤钾素与钾肥合理施用。

4. 微量元素肥料的种类与合理施用。

5. 复合肥料的合理施用。

任务提出

常用的化肥有哪些？它们有怎样的性质？如何合理施肥？

任务分析

本次任务是通过对化肥性质的了解,结合土壤条件、植物需求、化肥性质等因素掌握合理施肥措施。

相关知识

凡是用化学方法合成的,或者开采矿石经加工制造而成的肥料,称为化学肥料,又叫无机肥料或商品肥料,简称化肥。

化肥的种类很多,根据所含的营养元素可分为氮肥、磷肥、钾肥、复合肥料、微量元素肥料等。化肥与有机肥料相比较,具有有效成分含量高、肥效迅速、含养分单纯,便于运输与使用等特点,并有不同的反应——化学反应和生理反应等。

一、土壤氮素与氮肥合理施用

(一)氮素在土壤中的含量与形态

土壤氮素中氮素养分含量受气候条件、植被、地形、土壤、耕作利用方式等因素的影响很大。一般来讲,我国农业土壤含氮量在 $0.5\sim2.5g/kg$。土壤全氮量高于 $1.5g/kg$ 以上的为高含量,$0.5\sim1.5g/kg$ 为中量,低于 $0.5g/kg$ 以下的为低含量。土壤含氮量与土壤有机质含量成正相关,即土壤有机质含量越高,含氮量也越高。

土壤中氮素形态可分为有机态氮和无机态氮两种。有机态氮是土壤中氮的主要形态,一般占土壤全氮量的 95% 以上,主要以蛋白质、氨基酸、酰胺、胡敏酸等形态存在。无机态氮是植物可吸收利用的氮素形态,一般只占土壤全氮量的 $1.0\%\sim2.0\%$,最多不超过 5%,主要是铵态氮、硝态氮和极少量的亚硝态氮。

(二)土壤氮的有效化作用

1. 有机态氮的矿质化作用　土壤中的各种含氮有机物经微生物的矿质化过程可转化成有效氮。有机态氮的矿质化过程包括一系列的转化过程。以蛋白质分解为例:

(1)水解作用:蛋白质在微生物酶的作用下逐步分解,最后产生各种氨基酸、酰胺和胺等。其表达式为:

蛋白质→多肽→肽→氨基酸、酰胺、胺等

(2)氨化作用:是指氨基酸在氨化细菌的作用下进一步分解成铵离子(NH_4^+)或氨气(NH_3)的过程。氨化作用与土壤条件有密切的相关性,在土壤温度为 30～45℃、土壤湿润、中性至微碱性条件下氨化作用进行得较快。

2. 硝化作用　土壤中的氮或铵离子在亚硝化细菌、硝化细菌的作用下转化为硝态氮的过程称为硝化作用。包括两步:第一步氨在亚硝化细菌作用下氧化为亚硝酸,第二步在硝化细菌作用下氧化为硝酸。硝化作用是在好气条件下进行的。通气性好、温度为 20～30℃、中性或微碱性的土壤中,硝化作用进行得快;而在通气不良的酸性土壤中,硝化作用就很难进行。

硝酸根离子虽然可以直接被植物吸收利用,但是,由于是阴离子,不易被土壤胶体所吸附。所以,硝态氮在土壤中流动性很大,当雨季或灌溉时容易淋失;干旱时又能随水上升积累在土表,减少植物吸收的机会;还可能发生反硝化作用,造成氮素的损失。所以,采取抑制硝化作用的措施,对减少氮素的损失,提高氮素的利用率是很重要的。

3. 生物固氮　是指通过一些具有固氮菌的生物将空气中气态的氮固定下来而存在于土壤中的过程。

(三)土壤氮的无效化过程

1. 反硝化作用　通过反硝化细菌作用,硝态氮被还原为气态氮的过程称为反硝化作用。转化式为:

$$NO_3^- \rightarrow NO_2^- \rightarrow N_2 \uparrow 、NO \uparrow$$

反硝化细菌是一种嫌气细菌。反硝化作用通常在土壤通气不良和有机质过多的条件下发生。在旱地,反硝化作用虽然进行缓慢,但由此造成的养分损失却不可忽视。在水田,由于土壤长期被水淹没,土壤中氧气很少,反硝化细菌大量存在,反硝化作用进行得很快,造成氮素损失严重。所以硝态氮肥不适宜在水田中施用。

2. 无机态氮的固定作用　矿化后释放的无机氮和由肥料施入的 NH_4^+ 或 NO_3^- 可被土壤微生物吸收;也可被黏土矿物晶格固定;或与有机质结合,这些统称无机态氮的固定作用。

3. 淋溶作用　土壤中以硝酸或亚硝酸形态存在的氮素在灌溉条件下很容易被淋溶损失,造成污染。湿润和半湿润地区土壤中,氮的淋失量较多;干旱和半干旱地区,淋失极少。

4. 氨的挥发作用　土壤中大量施入氮肥时,当土壤 pH 低时,主要以铵离子存在;当土壤 pH 高或肥料深度高时,大部分以游离态氨存在,容易挥发损失。

(四)氮肥的种类及特点

根据化学氮肥中氮的形态,可分为以下三类:

1. 铵态氮肥　凡含有氨或铵离子形态的氮肥均属铵态氮肥。如硫酸铵、氯化铵、碳酸氢铵、氨水等。铵态氮肥的共同特点为:易溶于水,溶解后形成铵离子及相应的阴离子,铵离子能被植物根系直接吸收利用。铵离子还可以被土壤无机胶体和有机胶体代换吸收,保留在土壤中,不致流失。铵离子经过土壤微生物的作用,能生成硝态氮,同样能被植物吸收利用,但硝态氮不被土壤胶体吸收,容易造成氮素流失。铵态氮肥遇碱性物质则分解,形成氨而挥发,造成氮素损失,因此,要避免铵态氮肥和碱性物质混合。

2. 硝态氮肥　凡含有硝酸根离子的氮肥,称硝态氮肥。硝态氮肥的共同特点为:易溶于水,是速效养分,能被植物直接吸收利用。因硝酸根离子不易被土壤胶体吸附,易随水流失,造成养分损失。在土壤缺氧的情况下,经过反硝化作用,生成氮气而损失。硝态氮肥还具有易潮解、易燃、易爆等特点,在贮运过程中,应特别注意防潮防火。

3. 酰胺态氮肥　凡含有酰胺基(－$CONH_2$)或在分解过程中产生酰胺基的氮肥,称酰胺态氮肥。如尿素、石灰氮。酰胺态氮肥的共同特点为:不能被植物根系直接吸收利用,也不被土壤胶体吸附,只有小部分以分子态的形式,被土壤胶体吸附,但这种吸附能力较弱,易随水分的流动而产生移动。因此,必须在土壤中转化为铵态氮或硝化氮后,才能被植物吸收利用。但是,植物根系可以直接吸收少量尿素分子。

（五）常用氮肥的性质与施用要点（表 6-1）

表 6-1　常用氮肥的性质和施用要点

肥料名称	化学成分	N/%	酸碱性	主要性质	施用要点
碳酸氢铵	NH_4HCO_3	16.8～17.5	弱碱性	化学性质极不稳定,白色细结晶,易吸湿结块,易分解挥发,刺激性氨味,易溶于水,施入土壤无残存物,生理中性肥料	储存时要防潮、密闭。一般作基肥或追肥,不宜做种肥,施入 7～10cm 深,及时覆土,避免高温施肥,防止 NH_3 挥发,适合于各种土壤和植物
硫酸铵	$(NH_4)_2SO_4$	20～21	弱酸性	白色结晶,因含有杂质有时呈淡灰、淡绿或淡棕色,吸湿性弱,热反应稳定,是生理酸性肥料,易溶于水	宜作种肥、基肥和追肥;在酸性土壤中长期施用,应配施石灰和钙镁磷肥,以防土壤酸化。水田不宜长期大量施用。以防 H_2S 中毒;适于各种植物尤其是油菜、马铃薯、葱、蒜、等喜硫植物
氯化铵	NH_4Cl	24～25	弱酸性	白色或淡黄色结晶,吸湿性小,热反应稳定,生理酸性肥料,易溶于水	一般作基肥或追肥,不宜作种肥。一些忌氯植物如烟草、葡萄、柑橘、茶叶、马铃薯等和盐碱地不宜施用
硝酸铵	NH_4NO_3	34～35	弱酸性	白色或浅黄色结晶,易结块,易溶于水,易燃烧和爆炸,生理中性肥料。施后土壤中无残留	贮存时要防燃烧、爆炸、防潮,适于作追肥,不宜作种肥和基肥。在水田中施用效果差,不宜与未腐熟的有机肥混合施用
硝酸钙	$Ca(NO_3)_2$	13～15	中性	钙质肥料,吸湿性强,是生理碱性肥料	适用于各类土壤和植物,宜做追肥,不宜作种肥,不宜在水田中施用,贮存时要注意防潮
尿素	$CO(NH_2)_2$	45～46	中性	白色结晶,无味无臭,稍有清凉感,易溶于水,呈中性反应,易吸湿,肥料级尿素则吸湿性较小	适用于各种植物和土壤,可作基肥、追肥,并适宜作根外追肥。尿素中因含有缩二脲,常对植物种子发芽和植株生长有影响

（六）氮肥的合理施肥技术

我国氮肥利用率较低,一般为 30％左右,其中碳酸氢铵为 24％～30％,尿素为 30％～35％,硫酸铵为 30％～42％。进行氮肥合理分配和施用的目的在于减少氮肥损失,提高氮肥应用率,以充分发挥氮肥的最大增产效益。

1. 根据气候条件合理分配和施用氮肥　氮肥利用率受降雨量、温度、光照强度等气候条件影响非常大。我国北方地区干旱少雨,土壤墒情较差,氮素淋溶损失不大,因此,在氮肥分配上北方以分配硝态氮肥适宜。南方气候湿润,降雨量大、水田占重要地位,氮素淋溶和反硝化损失问题严重,因此,南方则应分配铵态氮肥。施用时,硝态氮肥尽可能施在旱作土壤上,铵态氮肥施于水田。

2. 根据植物的特性确定施肥量和施肥日期　不同植物对氮肥的需要不同,一些叶菜类如大白菜、甘蓝和以叶为收获的植物需氮较多;禾谷类植物需氮次之;豆科植物能进行共生固氮,一般只需在生长初期施用一些氮肥;马铃薯、甜菜、甘蔗等淀粉和糖料植物一般在生长初期需要氮素充足供应;蔬菜则需多次补充氮肥,使得氮素均匀地供给蔬菜需用,不能把全生育期所需的氮肥一次性施入。

同一植物的不同品种需氮量也不同,如杂交稻及矮秆水稻品种需氮较常规稻、籼稻和高杆水稻品种需氮多;同一品种植物不同生长期需氮量也不同。有些植物对氮肥品种具有特殊喜好,如马铃薯最好施用硫酸铵;麻类植物喜硝态氮;甜菜以硝酸钠最好;番茄在苗期以氨态氮较好,结果期以硝态氮较好。

3. 根据土壤特性施用不同的氮肥品种和控制施肥量　一般的砂土、砂壤土保肥性能差,氮的挥发比较严重,因此氮肥不能一次性施用过多,而应该一次少施,增加施用次数;轻壤土、中壤土有一定的保肥性能,可适当地多施一些氮肥;黏土的保肥、供肥性能强,施入土壤的肥料可以很快被土壤吸收固定,可减少施肥次数。

碱性土壤不宜施用铵态氮肥,一定要用时应深施覆土;酸性土壤宜选择生理碱性肥料或碱性肥料,如施用生理酸性肥料应结合有机肥料和石灰。

4. 根据氮肥的特性合理分配与施用　一般来讲,各种铵态氮肥如氨水、碳酸氢铵、硫酸铵、氯化铵,可作基肥深施覆土;硝态氮肥如硝酸铵在土壤中移动性大宜作旱田追肥;尿素适宜于一切植物和土壤。尿素、碳酸氢铵、氨水、硝酸铵等不宜作种肥,而硫酸铵等可作种肥。硫酸铵还可施用到缺硫土壤和需硫植物上,如大豆、菜豆、花生、烟草等;氯化铵忌施在烟草、茶、西瓜、甜菜、葡萄等植物上,但可施在纤维类植物上,如麻类植物;尿素适宜作根外追肥。

铵态氮肥要深施,可以能增强土壤对 NH_4^+ 的吸附作用,可以减少氨的直接挥发、随水流失以及反硝化脱氮损失,提高氮肥利用率和增产途径。氮肥深施还具有前缓、中稳、后长的供肥特点,其肥效可长达 $60\sim80d$,能保证植物后期对养分的需要。深施有利于促进根系发育,增强植物对养分的吸收能力。氮肥深施的深度以植物根系集中分布范围为宜。

5. 氮肥与有机肥料、磷肥、钾肥配合施用　由于我国土壤普遍缺氮,长期大量地投入氮肥,而磷钾肥的施用相应不足,植物养分供应不均匀,影响氮肥肥效的发挥。而氮肥与有机肥、磷钾肥配合施用,既可满足植物对养分的全面需要,又能培肥土壤,使之供肥平稳,提高氮肥利用率。

6. 加强水肥综合管理,提高氮肥利用率　水肥综合管理,也能起到部分深施的作用,达到氮肥增产效果的目的,在水田中,已提出的“无水层混施法”(施用基肥)和“以水带氮法”(施用追肥)等水稻节氮水肥综合管理技术,较习惯施用法可提高氮肥利用率 12%,每千克多增产稻谷 $5.1kg$,增产 11%。

旱作撒施氮肥随即灌水,也有利于降低氮素损失,提高氮肥利用率。在河南封丘潮土上进行的小麦试验中,用返青肥表施后灌水处理的方法,使尿素的氮素损失比灌水后表施处理方法的氮素损失率低 7%,其增产效果接近于深施。

7. 施用氮肥增效剂,提高氮肥利用率　施用脲酶抑制剂,可抑制尿素的水解,使尿素能扩散移动到较深的土层中,从而减少旱地表层土壤中或稻田田面水中硝态氮总浓度,以减少氨的挥发损失。目前研究较多的脲酶抑制剂有 O-苯基磷酰二胺,N-丁基硫代磷酰三胺和氢醌。

硝化抑制剂的作用是抑制硝化细菌防止铵态氮向硝态氮转化,从而减少氮素的反硝化作用损失和淋失。目前应用的硝化抑制剂主要有 2-氯-6-(三氯甲基)吡啶(CP)、2-氨基-4-氯-6-甲基嘧啶(AM)等,CP 用量为氮肥含 N 量的 1%~3%,AM 为 0.2%。

施用长效氮肥,有利于植物的缓慢吸收,减少氮素损失和生物固定,降低施用成本,提高劳动生产率。

二、土壤磷素与磷肥合理施用

（一）土壤磷素形态及其转化

我国土壤全磷量(P_2O_5)一般在 0.3~0.5g/kg,其中 99% 以上为迟效磷,能被植物当季利用的仅有 1%。

土壤中磷素一般以有机态磷和无机态磷两种形态存在。土壤有机态磷主要来源于有机肥料和生物残体,如核蛋白、核酸、磷脂、植素等,占全磷的 10%~50%。土壤无机态磷占全磷的 50%~90%,主要以磷酸盐形式存在,根据磷酸盐的溶解性可将无机态磷分为水溶性磷(主要是钾、钠、钙磷酸盐,能溶于水)、弱酸溶性磷(主要是磷酸二钙、磷酸二镁,能溶于弱酸)和难溶性磷(主要是磷酸八钙、十钙及磷酸铁、铝盐等)。

土壤中磷的转化包括有效磷的固定(化学固定、吸附固定、闭蓄态固定和生物固定)和难溶性磷的释放过程,它们处于不断的变化过程中。

1. 化学固定　由化学作用所引起的土壤中磷酸盐的转化有两种类型:中性、石灰性土壤中水溶性磷酸盐和弱酸溶性磷酸盐与土壤中水溶性钙镁盐、吸附性钙镁及碳酸钙镁作用发生化学固定,可用下式表示。

$$磷酸一钙 \longrightarrow 磷酸二钙 \longrightarrow 磷酸八钙 \longrightarrow 磷酸十钙$$

在酸性土壤中水溶性磷和弱酸溶性磷酸盐与土壤溶液中活性铁铝或代换性铁铝作用生成难溶性铁、铝沉淀。如磷酸铁铝($FePO_4 \cdot AlPO_4$)、磷铝石$[Al(OH)_2 \cdot H_2PO_4]$、磷铁矿$[Fe(OH_2) \cdot H_2PO_4]$。

2. 吸附固定　吸附固定分为非专性吸附和专性吸附。非专性吸附主要发生在酸性土壤 H^+ 浓度高,黏粒表面的 OH^- 质子化,经库仑力的作用,与磷酸根离子产生非专性吸附。铁、铝多的土壤易发生磷的专性吸附,磷酸根与氢氧化铁、铝,氧化铁、铝的 $Fe-OH$ 或 $Al-OH$ 发生配位基因交换,为化学力作用。

3. 闭蓄固定　闭蓄态固定是指磷酸盐被溶度积很小的无定型铁、铝、钙等胶膜所包蔽的过程(或现象)。在砖红壤、红壤、黄棕壤和水稻田中闭蓄态磷是无机磷的主要形式,占无机磷总量的 40% 以上,这种形态磷难以被植物利用。

4. 生物固定　微生物在生命活动过程中,需要一定的磷素营养。磷被微生物吸收暂时固定成为植物不能吸收利用的有机态磷,故称为生物固定,但在微生物死亡后又可以被分解释放出磷,所以这种固定是暂时的。

5. 无机态磷的释放　土壤中难溶性无机态磷的释放主要依靠 pH 值、Eh 的变化和螯合作用。在石灰性土壤中,难溶性磷酸钙盐可借助于微生物的呼吸作用和有机肥料分解所产生的二氧化碳和有机酸的作用,逐步转化为有效性较高的磷酸盐和磷酸二钙。

6. 有机态磷的分解　土壤中的有机态磷在微生物酶的作用下进行水解作用,能逐步释放出有效磷供植物利用。

(二)常用磷肥的性质与施用要点

磷肥按其溶解度不同,可分为水溶性磷肥、弱酸性磷肥和难溶性磷肥,其各自性质与施用要点见表 6-2。

表 6-2　常用磷肥的性质及施用要点

肥料名称	主要成分	P_2O_5 含量/%	主要性质	施用技术要点
过磷酸钙	$Ca(H_2PO_4)_2$	12～18	灰白色粉末或颗粒状,含硫酸钙 40%～50%、游离硫酸和磷酸 3.5%～5%,肥料呈酸性,有腐蚀性,易吸湿结块	做基肥、追肥和种肥及根外追肥,集中施于根层,适用于碱性及中性土壤,酸性土壤应先施石灰,隔几天再施过磷酸钙
重过磷酸钙	$Ca(H_2PO_4)_2$	36～42	深灰色颗粒或粉末状,吸湿性强,含游离磷酸 4%～8%,呈酸性,腐蚀性强,含 P_2O_5 约是过磷酸钙的 2 倍或 3 倍,又简称双料或三料磷肥	适用于各种土壤和作物,宜做基肥、追肥和种肥,施用量比过磷酸钙减少一半以上
钙镁磷肥	α-$Ca_3(PO_4)_2$、CaO、MgO、SiO_2	14～18	灰绿色粉末,不溶于水,溶于弱酸,呈碱性反应	一般做基肥,与生理酸性肥料混施,以促进肥料的溶解,在酸性土壤上也可做种肥或蘸秧根
钢渣磷肥	$CaP_2O_5 \cdot CaSiO_3$	8～14	黑色或棕色粉末,不溶于水,溶于弱酸,碱性	一般做基肥,不宜做种肥及追肥,与有机肥堆沤后施用效果更好
磷矿粉	$Ca_3(PO_4)_2$ 或 $Ca_5(PO_4)_8 \cdot F$	>14	褐灰色粉末,其中 1%～5% 为弱酸溶性磷,大部分是难溶性磷	磷矿粉是迟效肥,宜做基肥,一般为每 667m^2 施用 50～100kg,施在缺磷的酸性土壤上,可与硫铵、氯化铵等生理酸性肥料混施
骨粉	$Ca_3(PO_4)_2$	22～23	灰白色粉末,含有 3%～5% 的氮素,不溶于水	酸性土壤上做基肥

(三)磷肥的合理施用技术

磷肥的合理施用,必须根据土壤条件、植物特性、轮作制度、磷肥品种与施用技术等综合考虑。

1. 根据植物特性和轮作制度合理施用磷肥　不同植物对磷的需要量和敏感性不同,一般豆科植物对磷的需要量较多,蔬菜(特别是叶菜类)对磷的需要量小。不同植物对磷的敏感程度为:豆科和绿肥植物＞糖料植物＞小麦＞棉花＞杂粮(玉米、高粱、谷子)＞早稻＞晚稻。不同植物对难溶解性磷的吸收利用差异很大,油菜、荞麦、萝卜、番茄、豆科植物吸收能力强,马铃薯、甘薯等吸收能力弱,应施水溶性磷肥最好。

植物磷肥的施用时期很重要,施用的磷肥必须充分满足植物临界期对磷的需要,植物需磷的临界期都在早期,因此,磷肥要早施,一般做底肥深施于土壤,而后期可通过叶面喷施进行补充。

磷肥具有后效,前茬植物施用的磷肥,后作仍可继续利用,因此在轮作周期中,不需要每季植物都施用磷肥,而应当重点施在最能发挥磷肥效果的茬口上。在水旱轮作中,如油稻、麦稻轮作中,应本着"旱重水轻"原则分配和施用磷肥。在旱地轮作中,应本着越冬植物重施、多施;越夏植物早施、巧施原则分配和施用磷肥。

2. 根据土壤条件合理施用 土壤供磷水平、有机质含量、土壤熟化程度、土壤酸碱度等因素都对磷肥肥效有明显影响。缺磷土壤要优先施用、足量施用,中度缺磷土壤要适量施用、看苗施用;含磷丰富土壤要少量施用、巧施磷肥。有机质含量高土壤($>25g/kg$),适当少施磷肥;有机质含量低土壤($<25g/kg$),适当多施。土壤 pH 值 5.5 以下土壤有效磷含量低,pH 值在 $6.0\sim7.5$ 范围含量高,pH$>$7.5 时有效磷含量又低,因此,在酸性土壤中施用磷矿粉、钙镁磷肥;在中性、石灰性土壤中宜施用过磷酸钙。

3. 根据磷肥特性施用 普钙、重钙等水溶性、酸性速效磷肥,适用于大多数植物和土壤,但在石灰性土壤上更适宜,可做基肥、种肥和追肥集中施用。钙镁磷肥、脱氟磷肥、钢渣磷肥、偏磷酸钙等呈碱性,做基肥最好施在酸性土壤上,磷矿粉和骨粉最好做基肥施在酸性土壤上。由于磷在土壤中移动性小,宜将磷肥分施在活动根层的土壤中,改撒施为条施、穴施,集中施用在植物根系附近,可大大减少磷肥与土壤的接触面,减少磷的固定,利于植物吸收利用。

4. 与其他肥料配合施用 植物按一定比例吸收氮、磷、钾等各种养分,只有在协调氮、钾平衡营养基础上,合理配施磷肥,才能有明显的增产效果。在酸性土壤和缺乏微量元素的土壤上,还需要增施石灰和微量元素肥料,才能更好发挥磷肥的增产效果。

磷肥与有机肥料混合施用或与厩肥堆沤施用,可以促进磷的溶解和减少土壤对磷的固定作用,防止氮素损失,起到"以磷保氮"作用,因此效果最好,是磷肥合理施用的一项重要措施。

三、土壤钾素与钾肥合理施用

(一)土壤钾素形态及其转化

我国土壤全钾量介于 $5\sim25g/kg$ 之间,比氮和磷含量高。土壤中钾的形态有三种:速效性钾、缓效性钾和难溶性矿物钾。速效性钾又称有效钾,占全钾量的 1%～2%,包括水溶性钾和交换性钾。缓效性钾主要指存在于黏土矿物和一部分易风化的原生矿物中的钾,一般占全钾的 2%左右,经过转化可被植物吸收利用,是速效性钾的贮备。难溶性矿物钾是存在于难风化的原生矿物中的钾,占土壤全钾的 90%～98%,植物很难吸收利用。经过长期的风化,才能把钾释放出来。钾在土壤中的转化包括两个过程,即钾的释放和钾的固定。

1. 土壤中钾的释放 钾的释放是钾的有效化过程,是矿物中的钾和有机体中的钾在微生物和各种酸作用下,逐渐风化并转变为速效钾的过程。例如,正长石在各种酸作用下进行水解作用,可将其所含的钾释放出来。

2. 土壤中钾的固定　土壤中钾的固定是指土壤有效钾转变为缓效钾,甚至矿物态钾的过程。土壤中钾的固定主要是晶格固定。钾离子的大小与 2∶1 型黏土矿物晶层上孔穴的大小相近,当 2∶1 型黏土矿物吸水膨胀时,钾离子进入晶层间,当干燥收缩时,钾离子被嵌入晶层内的孔穴中而成为缓放钾。土壤中不同形态的钾可以相互转化,并处于动态平衡中。

(二)常用钾肥的性质与施用要点(见表 6-3)

表 6-3　常用钾肥的性质与施用要点

肥料名称	成分	K_2O 含量/%	主要性质	施用技术要点
氯化钾	KCl	50~60	白色或粉红色结晶,易溶于水,不易吸湿结块,生理酸性肥料	适于大多数作物和土壤,但忌氯作物不宜施用;宜做基肥深施,做追肥要早施,不宜做种肥。盐碱地不宜施用
硫酸钾	K_2SO_4	48~52	白色或淡黄色结晶,易溶于水,物理性状好,生理酸性肥料	与氯化钾基本相同,但对忌氯作物有好效果。适用于一切作物和土壤
草木灰	K_2CO_3 K_2SO_4 K_2SiO_2	5~10	主要成分能溶于水,碱性反应,还含有钙、磷等元素	适宜于各种作物和土壤,可做基肥、追肥,宜沟施或条施,也可做盖种肥或根外追肥

(三)钾肥的施用技术

与其他肥料一样,合理施用钾肥应综合考虑土壤条件、植物种类、肥料性质及施用技术、气候条件、耕作制度等因素。

1. 根据土壤条件合理施用钾肥　植物对钾肥的反应首先取决于土壤供钾水平,钾肥的增产效果与土壤供钾水平呈负相关,因此钾肥应优先施用在缺钾地区和土壤上。

土壤质地影响含钾量和供钾能力。一般来说,质地较黏土壤,对钾的固定能力增大,钾的扩散速率低,供钾能力一般,因此钾肥用量应适当增加。砂质土壤上,钾肥效果快但不持久,应掌握分次、适当的施肥原则,防止钾的流失,而且应优先分配和施用在缺钾的砂质土壤上。

土壤水分含量高,有利于扩散作用与植物对钾的吸收,因此,干旱地区和土壤,钾肥施用量适当增加。在长年渍水、还原性强的水田、盐土、酸性强的土壤或土层中有粘盘层的土壤,对根系生长不利,应适当增加钾肥用量。盐碱地应避免施用高量氯化钾,酸性土壤施硫酸钾更好些。

2. 根据植物特性合理施用钾肥　不同植物其需钾量和吸收钾能力不同,钾肥应优先施用在需钾量大的喜钾植物上,如油料植物、薯类植物、糖料植物、棉麻植物、豆科植物以及烟草、果、茶、桑等植物。而禾谷类植物及禾本科牧草等植物施用钾肥效果不明显。

同种植物不同品种对钾的需要也有差异,如水稻矮秆高产品种比高秆品种对钾的反应敏感,粳稻比籼稻敏感,杂交稻优于常规稻。植物不同生育期对钾的需要差异显著,如棉花需量最大在现蕾至成熟阶段,葡萄在浆果着色初期。对一般植物来说,苗期对钾较为敏感。

对耐氯力弱、对氯敏感的植物,如烟草、马铃薯等,尽量选用硫酸钾;多数耐氯力强或中等植物,如谷类植物、纤维植物等,尽量选用氯化钾。水稻秧田施用钾肥有较明显效果。

在轮作中,钾肥应施用在最需要钾的植物中。在绿肥—稻—稻轮作中,钾肥应施到绿肥上;在双季稻和麦——稻轮作中,钾肥应施在后季稻和小麦上;在麦—棉、麦—玉米、麦—花生轮作中,钾肥应重点施在夏季植物(棉花、玉米、花生等)上。

3. 与其他肥料配合施用 钾肥肥效常与其他养分配合情况有关。许多试验表明,钾肥只有在充足供给氮磷养分基础上才能更好地发挥。在一定氮肥量范围内,钾肥肥效有随氮肥施用水平提高而提高趋势;磷肥供应不足,钾肥肥效常受影响。当有机肥施用量低或不施时,钾肥有良好的增产效果,有机肥施用量高时会降低钾肥的效果。

4. 采用合理的施用技术 钾肥宜深施、早施和相对集中施。施用时掌握重施基肥,看苗早施追肥原则。对保肥性差的土壤,钾肥应基追肥兼施和看苗分次追肥,以免一次用量过多,施用过早,造成钾的淋溶损失。宽行植物(玉米、棉花等)不论基肥或追肥,采用条施或穴施都比撒施效果好;而密植植物(小麦、水稻等)可采用撒施效果较好。

在气候条件不良时,钾肥的肥效一般要比正常年景显著。如遇植物生长条件恶劣,受过水灾、强热带风暴影响,病虫害严重时,及时补施钾肥,可以增强植物的抗逆性,获得较好收成。钾肥有一定的后效,连年施用或前作施用较多时,钾肥的效果有下降趋势。

四、微量元素肥料的种类与施用

(一)微量元素肥料的种类和性质

微量元素肥料主要是一些含硼、锌、钼、锰、铁、铜等营养元素的无机盐类和氧化物。我国目前常用的品种约 20 余种,见表 6-4。

表 6-4 常用微量元素肥料种类与性质

微量元素 肥料名称	主要成分	有效成分含量/% (以元素计)	性质
硼肥		B	
硼酸	H_3BO_3	17.5	白色结晶或粉末,溶于水,常用硼肥
硼砂	$Na_2B_4O_7 \cdot 10H_2O$	11.3	白色结晶或粉末,溶于水,常用硼肥
硼镁肥	$H_3BO_3 \cdot MgSO_4$	1.5	灰色粉末,主要成分溶于水
硼泥	—	约 0.6	是生产硼砂的工业废渣,呈碱性,部分溶于水
锌肥		Zn	
硫酸锌	$ZnSO_4 \cdot 7H_2O$	23	白色或淡橘红色结晶,易溶于水,常用锌肥
氧化锌	ZnO	78	白色粉末,不溶于水,溶于酸和碱
氯化锌	$ZnCl_2$	48	白色结晶,溶于水
碳酸锌	$ZnCO_3$	52	难溶于水
钼肥		Mo	

微量元素 肥料名称	主要成分	有效成分含量/% (以元素计)	性质
钼酸铵	$(NH_4)_2MoO_4$	49	青白色结晶或粉末,溶于水,常用钼肥
钼酸钠	$Na_2MoO_4 \cdot 2H_2O$	39	青白色结晶或粉末,溶于水
氧化钼	MoO_3	66	难溶于水
含钼矿渣	—	10	是生产钼酸盐的工业废渣,难溶于水, 其中含有效态钼1%~3%
锰肥		Mn	
硫酸锰	$MnSO_4 \cdot 3H_2O$	26~28	粉红色结晶,易溶于水,常用锰肥
氯化锰	$MnCl_2$	19	粉红色结晶,易溶于水
氧化锰	MnO	41~68	难溶于水
碳酸锰	$MnCO_3$	31	白色粉末,较难溶于水
铁肥		Fe	
硫酸亚铁	$FeSO_4 \cdot 7H_2O$	19	淡绿色结晶,易溶于水,常用铁肥
硫酸亚铁铵	$(NH_4)_2SO_4 \cdot FeSO_4 \cdot 6H_2O$	14	淡绿色结晶,易溶于水
铜肥		Cu	
五水硫酸铜	$CuSO_4 \cdot 5H_2O$	25	蓝色结晶,溶于水,常用铜肥
一水硫酸铜	$CuSO_4 \cdot H_2O$	35	蓝色结晶,溶于水
氧化铜	CuO	75	黑色粉末,难溶于水
氧化亚铜	Cu_2O	89	暗红色晶状粉末,难溶于水
硫化铜	Cu_2S	80	难溶于水

(二)微量元素肥料的施用方法

植物对微量元素的需要量很少,而且从适量到过量的范围很窄,因此要防止微量元素肥料用量过大。

1. 施于土壤　直接施入土壤中的微量元素肥料,能满足植物整个生育期对微量元素的需要,同时由于微肥有一定后效,因此土壤施用可隔年施用一次。微量元素肥料用量较少,使用时必须施得均匀,浓度要保证适宜,否则会引起植物中毒,污染土壤与环境,甚至进入食物链,有碍人畜健康。做基肥时,可与有机肥或大量元素肥料混合施用。

2. 作用于植物　是微量元素肥料常用方法,包括种子处理、蘸秧根和根外喷施。

(1)拌种:用少量温水将微量元素肥料溶解,配制成较高浓度的溶液,喷洒在种子上。一般每千克种子0.5~1.5g,一般边喷边拌,阴干后可用于播种。

(2)浸种:把种子浸泡在含有微量元素肥料的溶液中6~12h,捞出晾干即可播种,浓度一般为0.01%~0.05%。

(3)蘸秧根:这是水稻及其他移栽植物所采取的特殊施肥方法,具体做法是将适量的肥料与肥沃土壤少许制成稀薄的糊状液体,在插秧前或植物移栽前,把秧苗或幼苗根浸入液体中数分钟即可。如水稻可用 1% 氧化锌悬浊液蘸根 0.5min 即可插秧。

(4)根外喷施:这是微量元素肥料既经济又有效的方法。常用浓度为 0.01%~0.2%,具体用量视植物种类、植株大小而定,一般每亩(667m²)40~75kg 溶液。

(5)枝干注射:果树、林木缺铁时常用 0.2%~0.5% 硫酸亚铁溶液注射入树干内,或在树干上钻一小孔,每棵树用 1~2g 硫酸亚铁盐塞入孔内,效果很好。

3. 与大量元素肥料配合施用 微量元素与 N、P、K 等营养元素,都是同等重要不可代替的,只有在满足了植物对大量元素需要的前提下,施用微量元素肥料才能充分发挥肥效,才能表现出明显的增产效果。

五、复合肥料种类与施用

(一)复合肥料的概念与分类

复合肥料是指含有氮、磷、钾三要素中两种或三种养分的肥料。具有有效成分高、养分种类多、施用方便肥效好、生产成本低等优点,深受农民欢迎,目前已成为农业生产中常用的当家肥料。复合肥料按元素种类可分为两大类:含有三种营养元素的称三元复合肥料(NPK);含有两种营养元素的称二元复合肥料(NP、NK 或 PK)。

复合肥料的有效成分,一般用 $N-P_2O_5-K_2O$ 相应的百分含量来表示。如 9-8-9,表示含氮素 9%,含磷素为 8%,含钾素为 9% 的三元复合肥料;9-8-0,表示含氮素 9%,含磷素为 8%,不含钾素的二元氮磷复合肥料。复合肥料中几种营养百分含量的总和,称为复合肥料的养分总量。如 $N-P_2O_5-K_2O$ 为 10-15-10,则养分总量为 35%。

复合肥料按生产方法不同,可分为化成复合肥料与混成复合肥料两大类。化成复合肥料是指在制造过程中发生化学反应而制成的肥料;混成复合肥料是指按照不同营养元素的比例,将各种肥料混合制成的肥料。化成复合肥料性质稳定,但其中的氮、磷、钾等养分的比例是固定的,难以适应不同土壤和多种植物的需要。混成复合肥料最大的优点是可以根据植物、土壤的需要,按照氮、磷、钾等元素的不同比例配制。

肥料混合的原则是:①要选择吸湿性小的肥料品种。吸湿性强的肥料会使混合过程和施肥过程发生困难。②要考虑到混合肥料养分不受损失。铵态氮肥不能与草木灰、石灰等碱性物质混合,否则会引起氨的挥发。过磷酸钙、重过磷酸钙等水溶性磷肥与碱性物质混合时,易使水溶性磷转化为难溶性磷。③应有利于提高肥效与施肥工效。一般复合肥料具有高浓度、多品种、多规格的特点,它可以满足不同土壤植物和其他农业生产条件提出的要求。各种肥料混合忌宜情况见表 6-5。

表 6-5　各种肥料的可混性

图例：
△ 可以暂时混合但不宜久置
□ 可以混合
× 不可混合

序号	肥料名称	1	2	3	4	5	6	7	8	9	10	11	12
1	硫酸铵												
2	硝酸铵	△											
3	碳酸氢铵	×	△										
4	尿素	□	△	×									
5	氯化铵	□	△	×	□								
6	过磷酸钙	□	△	□	□	□							
7	钙镁磷肥	△	△	×		×	×						
8	磷矿粉	□	△	×	□		△	□					
9	硫酸钾	□	△	×	□	□	□		□				
10	氯化钾	□	△	×	□	□	□	□	□	□			
11	磷铵	□	△	×	□	□	□	×	×	□	□		
12	硝酸磷肥	△	△	×	△	△	×	△	△	△	△	△	

列号对应肥料：1 硫酸铵　2 硝酸铵　3 碳酸氢铵　4 尿素　5 氯化铵　6 过磷酸钙　7 钙镁磷肥　8 磷矿粉　9 硫酸钾　10 氯化钾　11 磷铵　12 硝酸磷肥

（二）常用复合肥料的性质与施用要点（表 6-6）

表 6-6　常用复合肥料的性质与施用要点

肥料名称		组成和含量	性质	施用要点
二元复合肥料	磷酸铵	$(NH_4)_2HPO_4$ 和 $NH_4H_2PO_4$，N $16\%\sim18\%$，P_2O_5 $46\%\sim48\%$	水溶性，性质较稳定，多为白色结晶颗粒状	基肥或种肥，适当配合施用氮肥
	硝酸磷肥	NH_4NO_3，$(NH_4)_2HPO_4$ 和 $CaHPO_4$，N $12\%\sim20\%$，P_2O_5 $10\%\sim20\%$	灰白色颗粒状，有一定吸湿性，易结块	基肥或追肥，不适宜水田，豆科作物效果差
	磷酸二氢钾	KH_2PO_4，P_2O_5 52%，K_2O 35%	水溶性，白色结晶，化学酸性，吸湿性小，物理性状良好	多用于根外喷施和浸种
三元复合肥	硝磷钾肥	NH_4NO_3，$(NH_4)_2HPO_4$，KNO_3，N $11\%\sim17\%$，P_2O_5 $6\%\sim17\%$，K_2O $12\%\sim17\%$	淡黄色颗粒，有一定吸湿性。其中，N、K 为水溶性，P 为水溶性和弱酸溶性	基肥或追肥，目前已成为烟草专用肥
	硝铵磷肥	N、P_2O_5、K_2O 均为 17.5%	高效、水溶性	基肥、追肥
	磷酸钾铵	$(NH_4)_2HPO_4$ 和 K_2HPO_4，N、P_2O_5、K_2O 总含量达 70%	高效、水溶性	基肥、追肥

（三）复合肥料的合理施用技术

一般来说，复合肥料具有多种营养元素、物理性状好、养分浓度高、施用方便等优点，其增产效果与土壤条件、植物种类、肥料中养分形态等有关，若施用不当，不仅不能充分发挥其

优点,而且会造成养分浪费,因此,在施用时应注意以下几个问题:

1. 根据土壤条件合理施用　土壤养分及理化性质不同,适用的复合肥料也不同。

(1)土壤养分状况:一般来说,在某种养分供应水平较高的土壤上,应选用该养分含量低的复合肥料,例如,在含速效钾较高的土壤上,宜选用高氮、高磷、低钾复合肥料或氮、磷二元复合肥料;相反在某种养分供应水平较低的土壤上,则选用该养分含量高的复合肥料。

(2)土壤酸碱性:在石灰性土壤宜选用酸性复合肥料,如硝酸磷肥系、氯磷铵系等,而不宜选用碱性复合肥料;酸性土壤则相反。

(3)土壤水分状况:一般水田优先施用尿素磷铵钾、尿素钙镁磷肥钾等品种,不宜施用硝酸磷肥系复合肥料;旱地则优先施用硝酸磷肥系复合肥料,也可施用尿素磷铵钾、尿素过磷酸钙钾等,而不宜施用尿素钙镁磷肥钾等品种。

2. 根据植物特性合理施用　根据植物种类和营养特点施用适宜的复合肥料品种。一般粮食植物以提高产量为主,可施用氮磷复合肥料;豆科植物宜选用磷钾为主的复合肥料;果树、西瓜等经济植物,以追求品质为主,施用氮磷钾三元复合肥料可降低果品酸度,提高甜度;烟草、柑橘等"忌氯"植物应施用不含氯的三元复合肥料。

在轮作中上、下茬植物施用的复合肥料品种也应有所区别。如在北方小麦—玉米轮作中,小麦应施用高磷复合肥料,玉米应施用低磷复合肥料。在南方稻—稻轮作制中,在同样为缺磷的土壤上磷肥的肥效早稻好于晚稻,而钾肥的肥效则相反。

3. 根据复合肥料的养分形态合理施用　含铵态氮、酰胺态氮的复合肥料在旱地和水田都可施用,但应深施覆土,以减少养分损失;含硝态氮的复合肥料宜施在旱地,在水田和多雨地区肥效较差。含水溶性磷的复合肥料在各种土壤上均可施用,含弱酸溶性磷的复合肥料更适合于酸性土壤上施用。含氯的复合肥料不宜在"忌氯"植物和盐碱地上施用。

4. 以基肥为主合理施用　由于复合肥料一般含有磷或钾,且为颗粒状,养分释放缓慢,所以做基肥或种肥效果较好。复合肥料做基肥要深施覆土,防止氮素损失,施肥深度最好在根系密集层,利于植物吸收;复合肥料做种肥必须将种子和肥料隔开 5cm 以上,否则影响出苗而减产。施肥方式有条施、穴施、全耕层深施等,在中低产土壤上,条施或穴施比全耕层深施效果更好,尤其是以磷、钾为主的复合肥料穴施于植物根系附近,既便于吸收,又减少固定。

5. 与单质肥料配合施用　复合肥料种类多,成分复杂,养分比例各不相同,不可能完全适宜于所有植物和土壤,因此施用前根据复合肥料的成分、养分含量和植物的需肥特点,合理施用一定用量的复合肥料,并配施适宜用量的单质肥料,以确保养分平衡,满足植物需求。

任务实施

一、土壤碱解氮含量的测定——扩散法

土壤碱解性氮也称为土壤有效性氮,它包括无机态的铵态氮、硝态氮和土壤有机态氮中比较容易被分解的部分,如氨基酸、酰胺、易水解的蛋白质氮等。土壤碱解氮的含量可以反映出近期内土壤氮素的供应状况,其测定结果对于了解土壤肥力状况,指导合理施肥有一定意义。

（一）任务目的

了解土壤碱解性氮的测定意义和原理，掌握其测定方法和操作技能，能比较准确地测定出土壤碱解性氮的含量。

（二）原理

用 1.8mol/L 氢氧化钠碱解土壤样品，使有效态氮碱解转化为氨气状态，并不断地扩散逸出，由硼酸吸收，再用标准酸滴定，计算出碱解氮的含量。

（三）材料用具

电子天平、半微量滴定管、扩散皿、毛玻片、恒温箱、注射器、玻璃棒、橡皮筋、1.8mol/L 氢氧化钠溶液、2％硼酸溶液、0.01mol/L 盐酸溶液、定氮混合指示剂、特制胶水等。

（四）操作规程

1. 称取＜0.25mm 风干土样 2g（精确到 0.01g），均匀铺在扩散皿外室内，水平地轻轻旋转扩散皿，使样品铺平。

2. 在扩散皿内室中，加入 2％硼酸溶液 2mL，并滴加 1 滴定氮混合指示剂，然后在扩散皿的外室边缘涂上特质胶水，盖上毛玻片，并旋转数次，使毛玻片与扩散皿边缘完全粘合。慢慢转开毛玻片一边，使扩散皿露出一条窄缝，迅速用注射器加入 1.8mol/L 氢氧化钠 10mL 于扩散皿的外室中，立即盖严毛玻片，以防逸失。

3. 水平方向轻轻旋转扩散皿，使溶液与土壤充分混匀，用两条橡皮筋打"十"字固定，随后放入 40℃恒温箱中保温 24h。

4. 24h 后取出扩散皿去盖，再以 0.01mol/L 盐酸标准溶液用半微量滴定管滴定内室硼酸中所吸收的氨量，溶液由蓝色到微红色即为终点。

5. 在样品测定的同时做空白实验，除不加土样外，其余操作相同。

（五）原始数据

项　　　目	数　　　据
W(g) （＜0.25mm 风干土样质量）	
V_1(mL) （土样滴定起始读数）	
V_2(mL) （土样滴定终点读数）	
V_0(mL) （空白滴定所用盐酸毫升数）	

（六）计算

$$土壤碱解氮含量(mg/kg) = \frac{(V-V_0) \times C \times 14 \times 1000}{W \times 水分系数}$$

式中：V——土样消耗的盐酸的毫升数（$V = V_2 - V_1$）；

V_0——空白滴定所用盐酸的毫升数；

C——标准盐酸溶液的浓度，mol/L；

14——1mol 氮的质量，g；

1000——换算成每千克样品中氮的毫克数的系数；

W——风干土样质量，g。

二、土壤速效磷含量的测定——碳酸氢钠浸提—钼锑抗比色法

土壤速效磷也称土壤有效磷。土壤速效磷含量，是判断土壤磷素供应能力的一项重要指标。土壤速效磷的测定，是合理施用磷肥的重要依据之一。

（一）任务目的

了解土壤速效磷测定的原理和意义，掌握土壤速效磷的测定方法与原理，并能较熟练地掌握测定技能。

（二）原理

土壤速效磷的测定方法很多，方法间的差异主要在于浸提剂的不同。浸提剂的选择主要是根据土壤性质而定。目前使用较广的几种浸提剂中，一般认为 NH_4F-HCl 作浸提剂比较适合于风化程度中午的酸性土壤；对于风化程度较高的酸性土壤，可用 H_2SO_4-HCl 作浸提剂；石灰性土壤通常用 $NaHCO_3$ 浸提比较满意。对于中性和酸性水稻土 NH_4F-HCl 法和 $NaHCO_3$ 法都有应用。一些研究表明，用 $NaHCO_3$ 作浸提剂提取的土壤速效磷与植物吸收的磷有良好的正相关关系，它适应的土壤条件也较为广泛，现已逐渐采用作为多种土壤的通用浸提剂。

本次任务采用 $NaHCO_3$ 作为浸提剂提取土壤中的速效磷，提取液用钼锑抗混合显色剂在常温下进行还原，使黄色的锑磷钼杂多酸还原成为磷钼蓝，通过比色计算得到土壤中的速效磷含量。

（三）材料用具

电子天平、722 型分光光度计、滤纸、漏斗、150mL 三角瓶、250mL 三角瓶、移液管、吸耳球、容量瓶（或比色管）、洗瓶、无磷活性炭、0.5mol/L 碳酸氢钠溶液、7.5mol/L 硫酸抗储存液、钼弟抗混合显示剂、磷标准溶液等。

（四）操作规程

1. 磷标准曲线的绘制　分别吸取 5 mg/L 磷标准溶液 0、1、2、3、4、5mL 于 50mL 容量瓶中，再逐个加入 0.5 mol/L 碳酸氢钠溶液至 10mL 并沿容量瓶壁慢慢加入硫酸钼锑抗混合显色剂 5mL，充分摇匀，排出二氧化碳后加蒸馏水定容至刻度，充分摇匀，此系列溶液磷的质量浓度分别为 0、0.1、0.2、0.3、0.4、0.5 mg/L。静置 30 min，然后同待测液一起进行比色，以溶液质量浓度做横坐标，以吸光度做纵坐标（在方格坐标纸上），绘制标准曲线。

2. 土壤浸提　称取 <1mm 的风干土壤样品 2.5g（精确到 0.01g）置于 250mL 三角瓶中，加一小勺无磷活性炭，用 50mL 移液管准确加入 0.5 mol/L 碳酸氢钠溶液 50 mL，用橡皮塞塞紧瓶口，振荡 30 min，然后用干燥无磷滤纸过滤，滤液承接于 150mL 干燥的三角瓶中。若滤液不清，重新过滤。

3. 待测液中磷的测定　吸取滤液 10 mL 于 50mL 比色管中（含磷量高时吸取 2.5～5 mL，同时补加 0.5 mol/L 碳酸氢钠溶液至 10mL）。然后沿管壁慢慢加入硫酸钼锑抗混合显色剂 5 mL，充分摇匀，排出 CO_2 后加蒸馏水至刻度，再充分摇匀。放置 30 min 后在 722 型分光光度计上比色，波长 660nm，比色时需同时作空白（即用 0.5mol/L 碳酸氢钠代替待测液，其他步骤与上同）测定。根据测得的吸光度，对照标准曲线，查出待测液中磷的含量，

然后计算出土壤中速效磷的含量。

（五）原始数据

磷标准溶液浓度/(mg/kg)	吸光度值
0	
0.1	
0.2	
0.3	
0.4	
0.5	
待测液	
项　目	数　据
$W(g)$ （<1mm 风干土样质量）	

（六）计算

$$土壤速效磷含量(mg/kg) = \frac{C \times V_显 \times V_提}{V_分 \times W \times 水分系数}$$

式中:C——标准曲线上查得的磷的浓度,mg/kg;

    $V_显$——在分光光度计上比色的显色液体积,mL;

    $V_提$——土壤浸提所得提取液的体积,mL;

    $V_分$——显色时分取的提取液体积,mL;

    W——风干土样质量,g。

三、土壤速效钾含量的测定——醋酸铵浸提-火焰光度计法

土壤速效钾包括土壤溶液中的钾和吸附在土壤胶体表面的交换钾,以交换性钾为主。土壤速效钾易被植物吸收利用,是当季土壤钾素供应水平的主要指标之一。因此,测定土壤中速效钾的含量,可以反映土壤钾素的供应状况。它对于判断土壤肥力,指导合理施用钾肥有重要意义。

（一）任务目的

了解土壤速效钾测定的意义和原理,初步掌握土壤速效钾的测定方法和操作技能。

（二）原理

以醋酸铵为浸提剂,将土壤胶体上的钾、钠、镁等各种交换性阳离子交换下来。浸提液中的 K^+ 可用火焰光度计直接测定。为了抵消醋酸铵的干扰,标准钾溶液也需用醋酸铵溶液配制。

（三）材料用具

电子天平、火焰光度计、50 mL 比色管、150mL 三角瓶、滤纸、漏斗、1 mol/L 中性醋酸铵溶液、钾标准溶液等。

（四）操作规程

称取＜1mm 的风干土样 5g（精确到 0.01g），置于 150mL 三角瓶中，加入 1mol/L 中性醋酸铵溶液 50mL，用橡皮塞塞紧瓶口，振荡 15min 后立即过滤，滤液盛于小三角瓶中。将待测液同钾标准系列溶液一起在火焰光度计上进行测定。记录检流计读数。

（五）原始数据

钾标准溶液浓度/(mg/kg)	吸光度值
0	
2.5	
5	
10	
15	
20/40	
待测液	
项 目	数 据
W(g)（＜1mm 风干土样质量）	

（六）计算

$$土壤速效钾含量(mg/kg) = \frac{C \times V_{提}}{W \times 水分系数}$$

式中：C——标准曲线上查得的钾的浓度，mg/kg；

$V_{提}$——土壤浸提液的体积，mL；

W——风干土样质量，g。

任务三　有机肥料的合理施用

技能点

认识常用的有机肥料。

知识点

1. 有机肥料的概念、种类与作用。
2. 常用有机肥料的性质与施用要点。

任务提出

在化肥工业产生之前,土壤养分是依赖什么来维持呢?在化肥大量施用的今天,有机肥料又能起什么作用?常用的有机肥料有哪些呢?

任务分析

本次任务是了解有机肥料,树立施用有机肥料的观念,让有机物料回归到土壤中,也是环保行为,也为保护地球出一份力。

相关知识

我国是一个具有悠久历史传统的农业国家,施用有机肥料是农业生产的优良传统。在化肥出现之前,有机肥料为农业生产的发展做出了卓越的贡献,即使在化肥工业高度发展的今天,有机肥料仍具有化肥不可替代的功能,是实现农业可持续发展的关键措施,也是农业生态系统中各种养分资源得以循环再利用和净化环境关键链。

一、有机肥料概述

(一)有机肥料的类型

有机肥料是指农村中利用各种有机物质,就地取材,就地积制的各种自然肥料,也称作农家肥。目前已有工厂化积制的有机肥料出现,这些有机肥料被称作商品有机肥料。有机肥料按其来源、特性和积制方法一般可分为五类:

1. 粪尿肥类　主要是动物的排泄物,包括人粪尿、家畜粪尿、家禽类、海鸟粪、蚕沙以及利用家畜粪便积制的厩肥等。

2. 堆沤肥类　主要是有机物料经过微生物发酵的产物,包括堆肥(普通堆肥、高温堆肥和工厂化堆肥)、沤肥、沼气池肥(沼气发酵后的池液和池渣)、秸秆直接还田等。

3. 绿肥类　这类肥料主要是指直接翻压到土壤中作为肥料施用的植物整体和植物残体,包括野生绿肥、栽培绿肥等。

4. 杂肥类　包括各种能用作肥料的有机废弃物,如泥炭(草炭)和利用泥炭、褐煤、风化煤等为原料加工提取的各种富含腐殖质的肥料,饼肥(榨油后的油粕)与食用菌的废弃营养基,河泥、湖泥、塘泥、污水、污泥,垃圾肥和其他含有有机物质的工农业废弃物等,也包括以有机肥料为主配置的各种营养土。

5. 商品有机肥料　包括工厂化生产的各种有机肥料、有机－无机复合肥料、腐殖酸肥料以及各类生物肥料。

(二)有机肥料的作用

1. 提供多种养分,调节氮磷钾比例　有机肥料几乎含有植物生长发育所需的所有必需营养元素,其中有一部分属于速效态养分,可以直接被植物吸收利用,满足植物的需要。尤其是微量元素,长期施用有机肥料的土壤,植物是不缺乏微量元素的。有机肥料中含有少量氨基酸、酰胺、磷脂、可溶性碳水化合物等一些有机分子,可直接为植物提供有机碳、氮、磷营养。此外,有机肥料提供植物生长所需的钾,补充了化学钾肥的不足。

2. 活化土壤养分,提高化肥利用率　有机肥料中所含的腐殖酸中含有大量的活性基团,可以和许多金属阳离子形成稳定的配位化合物,从而使这些金属阳离子(如锰、钙、铁等)的有效性提高,同时也间接提高了土壤中闭蓄态磷的释放,从而达到活化土壤养分的功效。应当注意的是,有机肥料在活化土壤养分的同时,还会与部分微量营养元素由于形成了稳定的配位化合物而降低了有效性,如锌、铜等。

有机肥料与化学氮肥配合施用,化学氮肥能促进有机肥料的分解,分解产生的有机酸可与化学肥料中的铵相结合,形成氨基酸可减缓硝化作用,从而提高化学氮肥的利用率。有机肥料与化学磷肥混合施用,能增加磷的溶解度,有利于植物吸收利用。

3. 增加土壤有机质,改良土壤理化性质　有机肥料含有大量腐殖质,长期施用可以起到改良土壤理化性质和协调土壤肥力因素状况的作用。有机肥料施入土壤中,所含的腐殖酸可以改良土壤结构,促进土壤团粒结构形成,从而协调土壤空隙状况,提高土壤的保蓄性能,协调土壤水、气、热的矛盾;还能增强土壤的缓冲性,改善土壤氧化还原状况,平衡土壤养分。

4. 改善农产品品质和刺激植物生长　施用有机肥料能提高农产品的营养品质、风味品质、外观品质;有机肥料中还含有维生素、激素、酶、生长素和腐殖酸等,它们能促进植物生长和增强植物抗逆性;腐殖酸还能刺激植物生长。

5. 提高土壤微生物活性和酶的活性　有机肥料给土壤微生物提供了大量的营养和能量,加速了土壤微生物的繁殖,提高了土壤微生物的活性,同时还使土壤中一些酶(如脱氢酶、蛋白酶、脲酶等)的活性提高,促进了土壤中有机物质的转化,加速了土壤有机物质的循环,有利于提高土壤肥力。

6. 减少能源消耗,改善生态环境　生产 1t 合成氨,理论上要消耗 22.78×10^6 kJ 能量,每施用 1kg 化肥,相当于消耗 0.8kg 标准煤或与其相当的石油,“石油农业”的道路显然是不可取的。至于磷、钾资源,我国也是比较缺乏的。所以无论从肥料的经济效益来分析,还是从能源和资源来着眼,都必须十分重视有机肥料这项再生物质的充分利用,通过增施各种有机肥料,来减少能源的消耗。

施用有机肥料还可以降低植物对重金属离子铜、锌、铅、汞、铬、镉、镍等的吸收,降低了重金属对人体健康的危害。有机肥料中的腐殖质对一部分农药(如狄氏剂等)的残留有吸附、降解作用,有效地消除减轻农药对食品的污染。

二、常用有机肥料的种类与合理施用

(一)粪尿肥

粪尿肥包括人粪尿、家畜粪尿、禽粪、厩肥等,是我国农村普通施用的一类优质有机肥料。

1. 人粪尿 其主要成分组成与施用要点见表6-7。

表6-7 人粪尿的主要成分组成与施用要点

种类	水分/%	有机质/%	N/%	P_2O_5/%	K_2O/%	施用要点
人粪	>70	约20	1.00	0.50	0.37	人粪尿在施用之前必须进行无害化处理,并充分腐熟;可用作基肥、追肥和种肥,适用于各种土壤和植物,与磷钾肥和其他有机肥料配合施用
人尿	>90	约3	0.50	0.13	0.19	
人粪尿	80左右	5~10	0.5~0.8	0.2~0.4	0.2~0.3	

2. 家畜家禽粪尿 其主要成分组成与施用要点见表6-8。

表6-8 家畜家禽粪尿的主要成分组成与施用要点

类别		水分/%	有机质/%	N/%	P_2O_5/%	K_2O/%	施用要点
猪	粪	82	15.0	0.65	0.40	0.44	在施用前要充分腐熟,一般用作基肥,在施用猪粪尿时要注意饲料添加剂残留成分对土壤的影响。
	尿	96	2.5	0.30	0.12	0.95	
牛	粪	83	14.5	0.32	0.25	0.15	
	尿	94	3.0	0.50	0.03	0.65	
羊	粪	65	28.2	0.65	0.50	0.25	
	尿	87	7.2	1.40	0.30	2.10	
马	粪	76	20.0	0.55	0.30	0.24	
	尿	90	6.5	1.20	0.10	1.50	
鸡	粪	50.5	25.5	1.63	1.54	0.85	
鸭	粪	56.6	26.2	1.10	1.40	0.62	

猪粪养分含量较丰富,质地较细,氨化细菌多,易分解,肥效快但柔和,后劲足,俗称"温性肥料"。适宜于各种植物和土壤,可做基肥和种肥。

牛粪粪质细密,含水量高,通气性差,故腐熟缓慢,肥效迟缓,发酵温度低,俗称"冷型肥料"。一般做底肥施用。

羊粪质地细密干燥,肥分浓厚,为热性肥料,羊粪适用于各种土壤。

马粪粪中纤维素含量高,粪质粗,疏松多孔,水分易蒸发,含水量少,腐熟快,堆积过程中,发热量大,俗称"热性肥料"。可作为高温堆肥和温床的酿热物,并对改良质地黏重土壤有良好效果。

鸡、鸭、鹅等家畜的排泄物和海鸟粪统称禽粪。由于它们属杂食性动物,饮水少,故禽类粪有机质含量高,水分少。禽粪中氮素以尿酸为主,分解过程也易产生高温,属"热性肥料"。可做基肥,也可做追肥。

3. 厩肥 厩肥是指猪、牛、羊等家畜粪尿和各种垫料混合积制而成的肥料。其养分组成与含量见表6-9。

表 6-9　各种厩肥的平均养分含量（%）

家畜种类	水分	有机质	N	P_2O_5	K_2O	CaO	MgO
猪	72.4	25	0.45	0.19	0.6	0.68	0.08
牛	77.5	20.3	0.34	0.16	0.4	0.31	0.11
马	71.3	25.4	0.58	0.28	0.53	0.21	0.14
羊	64.6	31.8	0.83	0.23	0.67	0.33	0.28

厩肥对改良土壤、提高土壤肥力、供给植物营养,都有很好的作用。厩肥一般作基肥施用。厩肥适宜的腐熟程度应根据土壤、气候、植物而定。一般在通透性良好的轻质土壤上,可选择施用半腐熟的厩肥;对黏重的土壤应选择腐熟程度较高的厩肥。在温暖湿润的季节和地区,可选择半腐熟的厩肥;在降雨量较少的季节,宜施用腐熟的厩肥。在种植期较长的植物或多年生植物,可选择腐熟程度较低的厩肥;在生育期较短的植物,则需要选择腐熟程度较高的厩肥。从改良土壤的目的出发,应施用腐熟程度较低的厩肥,使其在土壤中产生具有活性的新鲜腐殖质。

（二）堆沤肥

堆肥是利用植物秸秆、落叶、草皮、绿肥等有机物料,掺和一定数量的粪尿肥,经好气发酵堆制而成的肥料。沤肥是利用有机物料和泥土混合,在淹水条件下沤制而成的肥料。北方以堆肥为主,南方以沤肥为主。

1. 堆肥　堆肥可分为高温堆肥和普通堆肥两种。普通堆肥一般掺入泥土较多,发酵时温度低,堆腐过程温度变化不大,腐熟慢。高温堆肥是以含纤维素多的秸秆为主要原料,加放适量畜粪尿后,在堆腐过程中产生高温（50~70℃）,堆腐时间短、腐熟快、肥料质量好。

堆肥腐熟过程可分为四个阶段,即发热、高温、降温和腐熟阶段。其腐熟程度可从颜色、软硬程度及气味等特征来判断。半腐熟的堆肥材料组织变松软易碎,分解程度差,汁液为棕色,有腐烂味,可概括为"棕、软、霉"。腐熟的堆肥,堆肥材料完全变形,呈褐色泥状物,可捏成团,并有臭味,特征是"黑、烂、臭"。

堆肥主要用做基肥,施用量一般为 15000~30000kg/hm²。用量较多时,可以全耕层均匀混施;用量较少时,可以开沟施肥或穴施。在温暖多雨季节或地区,或在土壤疏松通透性较好的条件下,或种植生育期较长的植物和多年生植物时,或当施肥与播种或插秧期相隔较远时,可以使用半腐熟或腐熟程度更低的堆肥。堆肥还可以做种肥和追肥使用。做种肥时常与过磷酸钙等磷肥混匀施用,做追肥时应提早施用,并尽量施入土中,以利于养分的保持和肥效的发挥。堆肥和其他有机肥料一样,虽然是营养较为全面的肥料,氮养分含量相对较低,需要和化肥一起配合施用,以更好地发挥堆肥和化肥的肥效。

2. 沤肥　沤肥是在低温嫌气条件下进行腐熟的,腐熟速度较为缓慢,腐殖质积累较多。沤肥的养分含量因材料配比和积制方法的不同而有较大的差异,就一般而言,沤肥的 pH 值为 6~7,有机质含量为 3%~12%,全氮量为 2.1~4.0g/kg,速效氮含量为 50~248mg/kg,全磷含量（P_2O_5）为 1.4~2.6g/kg,速效磷（P_2O_5）含量为 17~278mg/kg,全钾（K_2O）含量为 3.0~50g/kg,速效钾（K_2O）含量为 68~185mg/kg。

沤肥一般做基肥施用,多用于稻田,也可用于旱地。在水田中施用时,应在耕作和灌水前将沤肥均匀施入土壤,然后进行翻耕、耙地,再进行插秧。在旱地上施用时,也应结合耕地做基肥。沤肥的施用量一般为 30000～75000kg/hm²,并注意配合化肥和其他肥料一起施用,以解决沤肥较长,但速效养分供应强度不大的问题。

(三)沼气发酵肥料

沼气发酵是有机物质(秸秆、粪尿、污染、污水、垃圾等各种有机废弃物)在一定温度、湿度和隔绝空气条件下,由多种嫌气性微生物参与,在严格的无氧条件下进行嫌气发酵,并产生沼气(甲烷,CH_4)的过程。沼气发酵产物除沼气可作为能源使用外,沼气池液(占总残留物 13.2%)和池渣(占总残留物 86.8%)还可以进行综合利用。沼气池液含速效氮0.03%～0.08%,速效磷 0.02%～0.07%,速效钾 0.05%～1.40%,同时还含有 Ca、Mg、S、Si、Fe、Zn、Cu、Mo 等各种矿物质元素,以及各种氨基酸、维生素、酶和生长素等活性物质。沼渣含全氮 5～12.2g/kg(其中速效氮占全氮的 82%～85%),速效磷 50～300mg/kg,速效钾170～320mg/kg 以及大量的有机质。

沼气池液是优质的速效性肥料,可做追肥施用。一般土壤追肥施用量为30000kg/hm²,并且要深施覆土,可减少铵态氮的损失和增加肥效。沼气池液还可以做叶面追肥,有以柑橘、梨、食用菌、烟草、西瓜、葡萄等经济植物最佳,将沼气池液和水按 1∶(1～2)稀释,7～10d喷施一次,可收到很好的效果。除了单独施用外,沼气池液还可以用来浸种,可以和沼气池渣混合做基肥和追肥。做基肥施用量为 30000～45000kg/hm²,做追肥施用量为15000～20000kg/hm²,沼气池渣也可以单独做基或追肥施用。

(四)秸秆还田

秸秆还田是指植物秸秆不经腐熟直接施入农田做肥料。将秸秆还田有增加土壤有机质和养分、改善土壤理化性质、增加产量的作用,同时还减少运输,节省劳动力,降低生产成本,增加经济效益。其还田方法主要有高留茬还田、铡草还田、覆盖还田、机具还田、整草还田、墒沟埋草等。秸秆直接还田的技术要点是:

1. 还田时期和方法　秸秆还田前应切碎后翻入土中,与土壤混合均匀。旱地争取边收边耕埋。水田宜在插秧前 7～15d 施用。林、桑、果园则可利用冬闲季节在株行间铺草或翻埋入土。

2. 还田数量　一般秸秆可全部还田。薄地用量不宜过多,肥地可适当增加用量。一般每公顷施用 4.5～6.0t 为宜。

3. 配施氮、磷化肥　由于植物秸秆 C/N 比大,易发生微生物与植物争夺氮素现象,应配合施用适量氮、磷化肥。

(五)绿肥

1. 绿肥的主要种类　绿肥是指栽培或野生的植物,利用其植物体的全部或部分作为肥料,称之为绿肥。绿肥的种类繁多,一般按照来源可为栽培型(绿肥植物)和野生型;按照种植季节可分为冬季绿肥(如紫云英、毛叶子等)、夏季绿肥(如田菁、柽麻、绿豆等)和多年生绿肥(如沙丁旺等);按照栽培方式可分为旱生绿肥(如豌豆、金花菜、沙打旺、黑麦草等)和水生绿肥(如绿萍、水浮莲、水花生、水葫芦等)。此外,还可以将绿肥分为豆科绿肥(如紫云英、毛叶、沙打旺、豌豆等)和非豆科绿肥(如绿萍、水浮莲、水花生、水葫芦、肥田萝卜、黑麦草等)。

2. 绿肥的成分　绿肥适应性强,种植范围比较广,可利用农田、荒山、坡地、池塘、河边等种植,也可间作、套种、单种、轮作等。绿肥产量高,平均每公顷产鲜草 15～22.5t。绿肥植物鲜草产量高,含较丰富的有机质,有机质含量一般在 $12\%\sim15\%$(鲜基),而且养分含量较高。种植绿肥可增加土壤养分,提高土壤肥力,改良低产田。绿肥能提供大量新鲜有机质和钙素营养,根系有较强的穿透能力和团聚能力,有利于水稳性团粒结构形成。绿肥还可固沙护坡,防止冲刷,防止水土流失和土壤沙化,绿肥还可做饲料,发展畜牧业。

3. 绿肥的利用　目前,我国绿肥主要利用方式有直接翻压、作为原材料积制有机肥料和用做饲料。

(1)直接翻压:绿肥直接翻压(也叫压青)施用后的效果与翻压绿肥的时期、翻压深度、翻压量和翻压后的水肥管理密切相关。

①绿肥翻压时期。常见绿肥品种中紫云英应在盛花期;田菁应在先蕾期至初花期;豌豆应在初花期;柽麻应在初花期至盛花期。翻压绿肥时期的选择,除了根据不同品种绿肥植物生长特性外,还要考虑农植物的播种期和需肥时期。一般应与播种和移栽期有一段时间间距,大约 10d 左右。

②绿肥压青技术。绿肥翻压量一般根据绿肥中的养分含量、土壤供肥特性和植物的需肥量来考虑,应控制在 $15000\sim25000kg/hm^2$,然后再配合施用适量的其他肥料,来满足植物对养分的需求。绿肥翻压深度一般根据耕作深度考虑,大田应控制在 $15\sim20cm$,不宜过深或过浅。而果园翻压深度应根据果树品种和果树需肥特性考虑,可适当增加翻压深度。

③翻压后水肥管理。绿肥在翻压后,应配合施用磷、钾肥,既可以调整 N、P,还可以协调土壤中 N、P、K 的比例,从而充分发挥绿肥的肥效。对于干旱地区和干旱季节,还应及时灌溉,尽量保持充足的水分,加速绿肥的腐熟。

(2)配合其他材料进行堆肥和沤肥:可将绿肥与秸秆、杂草、树叶、粪尿、河塘泥、含有机质的垃圾等有机废弃物配合进行堆肥或沤肥。还可以配合其他有机废弃物进行沼气发酵,既可以解决农村能源,又可以保证有足够的有机肥料的施用。

(3)协调发展农牧业:可以用做饲料,发展畜牧业。绿肥(尤其是豆科绿肥)粗蛋白含量较高,为 $15\%\sim20\%$(干基),是很好的青饲料,可用于家畜饲料。

(六)生物肥料

生物肥料是人们利用土壤中一些有益微生物制成的肥料,包括细菌肥料和抗生肥料。生物肥料是一种辅助性肥料,本身不含植物所需要的营养元素,而是通过肥料中的微生物活动,改善植物营养条件,发挥土壤潜在肥力,刺激植物生长发育,抵抗病菌危害,从而提高植物的产量和品质,与有机肥、化肥互为补充。

目前,我国生产和应用的生物肥料主要有根瘤菌肥料、固氮菌菌剂、磷细菌菌剂、钾细菌菌剂、抗生菌肥料等。生物肥料的施用方法有菌液叶面喷施、菌液种子喷施、拌种等。

复习思考题

1. 植物根外营养有何特点?影响其肥效的因素有哪些?
2. 合理施肥的原理有哪些?具体内容如何?
3. 合理施肥的方法有哪些?

4. 采取哪些措施可提高氮肥、磷肥、钾肥的利用率?

5. 什么叫复合肥料? 如何分类? 有什么优缺点?

6. 举例说明常用的复合肥料主要有哪些。如何合理施用?

7. 什么叫有机肥料? 有哪些类别? 在农业生产和环境保护中有何重要作用?

习 题 集

一、名词解释

1	植物	52	潜性酸度	103	土壤吸热性
2	生长	53	盐基饱和度	104	土壤散热性
3	发育	54	土壤碱化度	105	温度日较差
4	环境	55	土壤缓冲性	106	三基点温度
5	植物生长环境	56	土壤胶体	107	活动温度
6	生态因子	57	土壤胶体分散性	108	积温
7	土壤	58	土壤胶体凝聚性	109	活动积温
8	土壤肥力	59	土壤吸收性能	110	有效积温
9	自然肥力	60	机械吸收性能	111	农业界限温度
10	人为肥力	61	物理吸收性能	112	春化作用
11	有效肥力	62	化学吸收性能	113	化肥
12	潜在肥力	63	离子交换吸收作用	114	土壤有效养分
13	物理风化	64	阳离子交换吸收作用	115	植物必需营养元素
14	化学风化	65	阴离子交换吸收作用	116	肥料三要素
15	生物风化	66	生物吸收性能	117	根外营养
16	母质	67	土壤供肥性	118	植物营养的选择性
17	残积物	68	吸湿水	119	植物营养的连续性和阶段性
18	坡积物	69	吸湿系数	120	植物营养临界期
19	洪积物	70	萎蔫系数	121	植物营养最大效率期
20	冲积物	71	膜状水	122	养分归还学说
21	湖积物	72	毛管水	123	最小养分律
22	浅海沉积物	73	毛管上升水	124	限制因子律
23	风积物	74	毛管持水量	125	报酬递减律
24	土壤三相比	75	毛管悬着水	126	因子综合作用律
25	土壤矿物质	76	毛管断裂含水量	127	基肥
26	原生矿物	77	田间持水量	128	种肥
27	次生矿物	78	重力水	129	追肥
28	土壤有机质	79	土壤质量含水量	130	无机态氮
29	矿质化过程	80	土壤容积含水量	131	有机态氮
30	腐殖化过程	81	土壤相对含水量	132	氨化作用
31	土壤腐殖质	82	土壤有效水	133	硝化作用

32	矿化率	83	水汽压	134	反硝化作用
33	腐殖化系数	84	饱和水汽压	135	生理酸碱性
34	碳氮比	85	绝对湿度	136	铵态氮肥
35	土壤通气性	86	相对湿度	137	硝态氮肥
36	四分法	87	露点温度	138	酰胺态氮肥
37	粒级	88	饱和差	139	肥料利用率
38	土壤质地	89	降水强度	140	氮肥利用率
39	土壤密度	90	降水变率	141	水溶性磷肥
40	土壤容重	91	太阳辐射	142	弱酸溶性磷肥
41	土壤孔隙性	92	太阳辐射光谱	143	难溶性磷肥
42	土壤孔隙度	93	光合有效辐射	144	磷肥利用率
43	土壤结构体	94	阳性植物	145	微量元素肥料
44	土壤结构性	95	阴性植物	146	复合肥料
45	团粒结构	96	中性植物	147	有机肥料
46	土壤物理机械性	97	光周期	148	厩肥
47	土壤黏着性	98	长日照植物	149	沼气肥
48	土壤黏结性	99	短日照植物	150	堆肥
49	土壤可塑性	100	日中性植物	151	沤肥
50	土壤耕性	101	土壤热容量	152	秸秆直接还田
51	活性酸度	102	土壤导热性	153	绿肥

二、填空

1.具有＿＿＿＿＿＿＿是自然土壤和农业土壤共同的本质特征。

2.土壤最基本的属性是＿＿＿＿＿＿＿。

3.土壤肥力按其发挥程度可分为＿＿＿＿＿和＿＿＿＿＿。

4.土壤按其是否开垦种植分两种类型，即＿＿＿＿＿和＿＿＿＿＿。

5.土壤肥力不仅指土壤的能力，而且还包括＿＿＿＿＿＿的能力。

6.土壤肥力是指植物生长发育过程中，土壤供给和调节＿＿＿＿＿、＿＿＿＿＿、＿＿＿＿＿、＿＿＿＿＿的能力。

7.肥料可分为＿＿＿＿＿、＿＿＿＿＿和＿＿＿＿＿三大类型。

8.土壤质地划分为＿＿＿＿＿、＿＿＿＿＿、＿＿＿＿＿。

9.土壤调查一般分三步，＿＿＿＿＿、＿＿＿＿＿、＿＿＿＿＿。

10.土壤是由＿＿＿＿＿、＿＿＿＿＿、＿＿＿＿＿三部分物质组成，常称"三相"物质。

11.进入土壤中的生物残体发生两方面的转化，为＿＿＿＿＿、＿＿＿＿＿。

12.土壤水分类型有＿＿＿＿＿、＿＿＿＿＿、＿＿＿＿＿。

13.土壤离子交换吸收保肥作用有两种形式，为＿＿＿＿＿、＿＿＿＿＿。

14.土壤胶体一般有三种，即＿＿＿＿＿、＿＿＿＿＿、＿＿＿＿＿。

15.土壤样品采集深度一般采取耕层深度为＿＿＿＿＿，调查土壤盐渍化程度，取

样深度可达 _____ 。

16. 土壤样品的采样方法有 _____ 、_____ 、_____ 。

17. 采集土壤样品要求具有 _____ 性,在采集时必须 _____ 、_____ 。对于过多的土样,我们可以用 _____ 法进行筛减。

18. 卡庆斯基质地分类制是按 _____ 和 _____ 百分含量把土壤质地划分为三类九级。

19. 卡庆斯基土粒分级标准中,黏粒的颗粒直径是 _____ ,物理黏粒的颗粒直径是 _____ 。

20. 土粒的基本级别有 _____ 、_____ 、_____ 。

21. 土壤是由 _____ 、_____ 、_____ 三相物质组成的疏松多孔体,其中 _____ 构成土壤的主体,主要由 _____ 组成,而 _____ 、_____ 则同存于土壤孔隙中,它们在数量上 _____ 。

22. 组成矿质土粒的化学元素中,所占比例最大的是 _____ 、_____ 、_____ 。

23. 在世界各国对土粒分级的划分标准中,一般都把它们划分为 _____ 、_____ 、_____ 和 _____ 四个基本粒级,而原苏联卡庆斯基根据矿质的某些性质,以粒径 0.01mm 为界线,即把>0.01mm 的土粒称为 _____ ,<0.01mm 的土粒称为 _____ 。

24. 黏质土类保肥力、耐肥力 _____ ,潜在养分含量 _____ 。

25. 黏质土含水多、热容量大、_____ ,称冷性土。

26. 土壤质地是影响 _____ 高低及 _____ 好坏的一个决定性因素。

27. 腐殖质含量高的土壤 _____ 、_____ 能力强。

28. 腐殖化过程实际上是 _____ 被转化为 _____ 的过程。

29. 在 _____ 情况下,土壤有机质进行嫌气微生物分解,可产生硫化氢、甲烷等,对作物有 _____ 作用。

30. 腐殖质占土壤有机质 _____ ,是土壤有机质的 _____ 。

31. 有机残体进入土壤后,在微生物的作用下,发生复杂的变化,可概括为 _____ 和 _____ 两个过程。

32. 土壤有机的矿质化过程是指土壤 _____ 转化为 _____ 的过程。

33. 土壤有机质的转化过程分为 _____ 和 _____ 。

34. 土壤有机质转化可概括为 _____ 和 _____ 两个过程,其中积累有机质的是 _____ 过程。

35. 土壤有机质的腐殖化过程是 _____ 的过程。

36. 土壤中那些来源于生物的,主要是来源于植物和微生物的物质,它包括活的与死的生物体,叫 _____ 。

37. 自然土壤中的有机质来源于 _____ 、_____ 和少量动物;耕地土壤的有机质,主要来源于 _____ 及 _____ ,其中包括还田的秸秆和翻压的绿肥。

38. 要调节土壤有机质的积累与分解,主要是通过 _____ 、_____ 等措施,调节土壤 _____ 、_____ 、热状况,控制 _____ 方向,即 _____ 、_____ 的强度。

39.微生物在生命活动中,需要有机质的 C/N 比约为＿＿＿＿＿＿＿＿,如果小于这一比例,则微生物分解快,＿＿＿＿＿＿＿＿供植物利用;大于这一比例,则因 N 素不足,还要从土壤中＿＿＿＿＿＿＿＿＿＿＿＿用来组成自身的细胞。

40.影响有机质转化的因素有＿＿＿＿＿＿＿＿、＿＿＿＿＿＿＿＿、＿＿＿＿＿＿＿＿、＿＿＿＿＿＿＿＿。

41.土壤有效水的上限是＿＿＿＿＿＿＿＿。

42.土壤水分类型中在土粒表面的是＿＿＿＿＿＿,它又分为＿＿＿＿＿＿和＿＿＿＿＿＿。

43.由于水分受到吸力的不同,而形成了＿＿＿＿＿＿、＿＿＿＿＿＿、＿＿＿＿＿＿三种不同的土壤水分类型。

44.当空气中水气达到饱和时,＿＿＿＿＿＿＿＿达最大值,此时的土壤含水量称为＿＿＿＿＿＿＿＿。

45.吸附水可分为＿＿＿＿＿＿和＿＿＿＿＿＿两种。

46.植物能够吸收利用的水叫＿＿＿＿＿＿,土壤有机质的主体是＿＿＿＿＿＿。

47.土壤毛管孔隙中,由＿＿＿＿＿＿吸住的水分叫毛管水。

48.土壤水分的类型有＿＿＿＿＿＿、＿＿＿＿＿＿、＿＿＿＿＿＿、＿＿＿＿＿＿四种。

49.调节土壤水分的措施有＿＿＿＿＿＿＿＿＿＿、＿＿＿＿＿＿＿＿。

50.土壤胶体按其微粒组成和来源分为＿＿＿＿＿＿、＿＿＿＿＿＿、＿＿＿＿＿＿三类,其中明显影响土壤结构的稳定和良好结构形成的＿＿＿＿＿＿。

51.胶体主要由＿＿＿＿＿＿和双电层构成,双电层的内层为＿＿＿＿＿＿,而外层是＿＿＿＿＿＿,它是由＿＿＿＿＿＿从溶液中吸引＿＿＿＿＿＿而构成的。

52.＿＿＿＿＿＿＿＿＿＿是指土壤胶体依靠巨大表面能的作用对分子态养分的吸收能力。

53.胶体具有带电性,与土壤的＿＿＿＿＿＿、＿＿＿＿＿＿、＿＿＿＿＿＿等密切相关。因此,土壤胶体是土壤肥力的重要的基础物质。

54.土壤与大气间的气体交换方式有两种,即＿＿＿＿＿＿、＿＿＿＿＿＿,主要方式是＿＿＿＿＿＿。

55.一般土壤胶体带＿＿＿＿电荷。因为土壤胶体具有带电性,则与土壤的＿＿＿＿＿＿、＿＿＿＿＿＿、＿＿＿＿＿＿等密切相关。

56.土壤通气性的调节措施有＿＿＿＿＿＿、＿＿＿＿＿＿、＿＿＿＿＿＿、＿＿＿＿＿＿。

57.土壤孔隙测定较困难,它通过＿＿＿＿＿＿、＿＿＿＿＿＿进行计算。

58.土壤缓冲能力大小与＿＿＿＿＿＿、＿＿＿＿＿＿有关。

59.土壤团粒结构有＿＿＿＿＿＿、＿＿＿＿＿＿、＿＿＿＿＿＿优良性状。

60.根据当量孔径的大小,土壤孔隙分＿＿＿＿＿＿、＿＿＿＿＿＿、＿＿＿＿＿＿三类。

61.＿＿＿＿＿＿是影响土壤肥力高低及耕性好坏的一个决定性因素。

62.被群众称为"米楂子"的土壤结构类型是＿＿＿＿＿＿,在耕作层下出现的犁底层是＿＿＿＿＿＿结构。

63. 单位体积土粒的重量和同体积水重之比是_____。

64. 旱作土壤中最好的土壤结构类型是_____,创造这种结构的措施有____

_____、_____、_____、_____。

65. 土壤结构类型常见的有_____、_____、_____、_____

_____、_____。

66. 影响土壤温度的因素有_____、_____、_____、

_____。

67. 土壤孔隙可分三类,把当量孔径小于 0.002mm 的叫_____,把当量孔径为

0.02~0.002mm 的叫_____,把当量孔径大于 0.02mm 的叫_____。

68. 土壤最基本的属性是_____。

69. 肥料可分为_____、_____和_____三大类型。

70. 矿质土粒是由各种_____矿物和_____矿物组成的土粒。一般土粒越粗,含

____矿物愈多,土粒愈细,含_____矿物愈多。

71. 组成矿质土粒的化学元素中,所占比例最大的是____、_____、_____。在黏粒的

化学组成中,_____与土壤肥力关系密切,其表示方法_____。

72. 土壤微生物根据其营养方式可分为_____和_____两大类型,但土

壤中绝大部分的微生物都属于_____。

73. 根据土壤微生物对空气条件的要求,可分为_____、_____、_____三种

类型,但土壤中的细菌多数属于_____。

74. 土壤有机质可分为_____和_____两大类,其中_____是土壤有机质

的主体

75. 土壤腐殖质由_____、_____和_____三种不同的腐殖质组成。其中,既

能溶于酸又能溶于碱的是____,只溶于稀碱溶液的是_____,不能用稀碱提取的是____

____。

76. 土壤有机质的转化是_____。它可以向_____和_____两个方

向转化。其中,_____为作物和微生物提供了养分。

77. 土壤腐殖质是保存_____的一种形式,也是形成_____的重要的物质基础。

78. 胶体微粒是由_____、_____两部分组成。

79. 土壤胶体具有_____、_____和_____的基本特性。

80. 根据土壤胶体所带电荷的来源不同,可将其分为_____、_____两类。

81. 土壤中存在的主要层状铝硅酸盐黏粒矿物有_____、_____和

_____三种类型。

82. 适宜于灌溉施肥的肥料主要是_____。

83. 层状硅酸盐矿物的晶格联结力有_____、_____和_____

三种。

84. 按吸附机理可将土壤吸收性能分为_____、_____、_____、

_____、_____等五种类型。

85. 土壤阳离子交换量的大小,主要决定于_____、_____、

和_____。

86. 阳离子交换作用具有＿＿＿＿＿＿和＿＿＿＿＿＿的两个基本特性。

87. 土壤酸度按氢离子存在形式可分为＿＿＿和＿＿＿＿两种基本类型,直接影响土壤肥力和作物生长的是＿＿＿＿。

88. 土壤酸性产生的原因是＿＿＿＿、＿＿＿和＿＿＿＿。

89. 根据测定潜性酸度所采用的浸提方法不同,可分为＿＿＿和＿＿＿。

90. 土壤缓冲性产生的原因是＿＿＿＿、＿＿＿和＿＿＿。

91. 按土壤中孔径大小和性质的不同,可将孔隙划分为＿＿＿、＿＿＿和＿＿＿。其中＿＿＿可以通气和透水,＿＿＿而可以蓄水导水。

92. 土壤毛管孔隙的孔径一般在＿＿＿范围内。

93. 土壤的松紧状况可用土壤的＿＿＿和＿＿＿来表示。

94. 某土壤的容重为 1.1 g/cm³,土壤孔隙度为＿＿＿。

95. 1 亩耕地其耕作层为 20cm,容重为 1.1t/m³,则该土层的土壤重是＿＿＿ t。

96. 土壤中多数矿物的比重大致在＿＿＿之间,所以土壤的比重通常以＿＿＿数据表示。

97. 土壤结构包括＿＿＿、＿＿＿、＿＿＿、＿＿＿、＿＿＿五种类型。

98. 团粒结构的形成,必须具备有＿＿＿和＿＿＿两个基本条件。

99. 团粒结构破坏的原因有＿＿＿、＿＿＿和＿＿＿。

100. 土壤耕性的好坏,一般用＿＿＿、＿＿＿和＿＿＿三个方面来衡量。

101. 我国南方多为酸性土,这是由于＿＿＿、＿＿＿的缘故,而北方多为中性和碱性土壤,其原因为＿＿＿、＿＿＿。

102. 土壤可塑性的大小,主要受＿＿＿、＿＿＿、＿＿＿和＿＿＿因素的影响。

103. 土壤中植物生长发育所必需的四个肥力因素为＿＿＿、＿＿＿、＿＿＿和＿＿＿。

104. 土壤水分以固态、液态和气态三种形式存在,但以＿＿＿最为重要。同时在诸肥力因素中,＿＿＿是最活跃的因素,对土壤肥力影响最大。

105. 土壤水分的类型有＿＿＿、＿＿＿、＿＿＿、＿＿＿四种。

106. 土壤吸湿水所受土壤表面的吸引力约为＿＿＿个大气压,无＿＿＿能力,不能＿＿＿,只能在＿＿＿的温度下才能转化成水气离开土壤表面。对植物需要来说,它是＿＿＿。

107. 对水田来说,＿＿＿是水稻的最有效水。

108. 对旱土来说,土壤＿＿＿是植物有效水的下限,而＿＿＿是植物有效水的上限,因此,从＿＿到＿＿＿之间的含水量是土壤有效水的范围。土壤有效水的范围,与土壤质地、有机质含量有关。其中,砂土的有效水范围为＿＿＿%,壤土的有效水范围为＿＿＿%,黏土的有效水范围为＿＿＿%。

109. 一定数量的土壤所保持的水分数量称＿＿＿。

110. 调节土壤水分的措施有＿＿＿、＿＿＿、＿＿＿、＿＿＿、

_____。

111.土壤空气中的氧气含量____于大气,二氧化碳则____大气。特别是大量施用有机肥料和土壤板结时,土壤空气中的二氧化碳含量显著_____,而_____则逐渐减少。

112.影响土壤温度的热性质主要有_____和_____。

113.土壤热容量大小与土壤固体、液体、气体三相组成的热容量有关,其中,土壤水分的热容量为_____,是土壤热容量的_____因素,因此,在生产实践中常用_____或_____措施,来增加土壤热容量或降低土壤热容量,以达到使土壤增温的目的。

114.影响土壤导热性的主要原因是土壤_____、_____、_____三相组成的比例。湿度大、孔隙小、紧实的土壤,导热性_____;而干燥、孔隙大、疏松的土壤,导热性_____。因此,冬天中耕松土会_____,土壤下层的热量向上层土壤传导,因而,往往会引起作物发生_____。而镇压或灌水,则有利于下层热量向_____传导。

115.土壤吸热性的强弱与土壤颜色、地面状况、覆盖物等有关.其中,土壤颜色深,吸热性_____;平坦的土壤,吸热性就_____;地面有覆盖物的土壤比无覆盖物的土壤吸热性就____。因此,夜间有云层、烟雾、水汽或覆盖物时,土壤散失的热量就_____。根据这一道理,在寒潮来临前常利用_____、_____、_____、_____等措施,减少土壤辐射散热,以防冻害发生。

116.测定表土日最高温度的时间应在每天_____,而测定表土日最低温度的时间,应在每天_____,一年中表土的最高温度出现的时期一般为_____,表土最低温度出现的时期约为_____。

117.土壤保肥性可分为五种类型,分别为_____、_____、_____、_____、_____。

118.土壤吸持各种离子、分子、气体和粗悬浮体的能力叫_____。

119.交换性盐基离子占交换性阳离子的百分数称_____。

120.土壤酸碱度类型分_____、_____两种,改良酸性土壤须根据_____的含量来确定石灰施用量。

121.快速测定土壤酸碱度,常用_____。

122.阴离子交换固定主要发生在_____土壤中。

123.离子的交换吸收作用是指_____中的离子与_____的离子进行交换的作用,有_____与_____两种。

124.土壤吸收性能的类型有_____、_____、_____、_____、_____。

125.影响土壤温度的因素有_____、_____、_____、_____。

126.硝酸铵因_____而不宜做种肥。

127.氮肥的种类分为_____、_____和_____,其中_____种类不能被作物根系下拉吸收;_____种类易被土壤胶体代换吸收。

128.碳酸氢铵是生理_____肥料,又是化学_____肥料。

129.土壤中无机态氮主要是_____和_____,它们是土壤中氮素养分的速效部分。

130.碳酸氢铵的水溶液呈_____,硫酸铵呈_____反应。

131.反硝化作用是在微生物的作用下,将_____还原为_____。

132.土壤有机态氮的矿化过程是指土壤含氮有机化合物转化为_____的过程。

133.土壤有机态氮的矿化过程包括蛋白质_____、_____、_____、_____过程。

134.土壤有效态氮的无效化过程包括_____和_____。

135.铵态氮肥中不宜做种肥的是_____。

136.铵态氮肥遇_____物质易分解失效。

137.根据氮化肥中氮素的形态,将氮化肥分为三大类:_____、_____、_____。

138.在油菜——单季稻轮作方式中,磷肥的施肥原则是_____。

139.土壤中的可溶性磷转变为难溶性磷,叫_____。

140._____是土壤钾素的主体,约占土壤全钾量的90%～98%。

141.磷肥供应过多,会使植物_____、_____大量消耗,不仅使植物_____缩短,_____提早,而且还会引起_____、_____、镁等元素的缺乏,严重时影响作物的产量和品质。

142._____是土壤中磷的总量,以_____计,它是反映土壤磷素总贮量的一个相对指标,是_____的基础。

143._____和_____统称有效磷,其中_____在土壤中含量很少且极不稳定。

144.土壤中的阳离子与阴离子作用形成难溶性化合物,叫_____固定。

145.农业生产上常用的水溶性磷肥是_____、弱酸溶性磷肥是_____、难溶性磷肥是_____。

146.钙镁磷肥属于_____溶性磷肥;过磷酸钙属于_____溶性磷肥;磷矿粉属于_____溶性磷肥。

147.土壤中的钾素按其对植物有效性大小分_____、_____、_____三种,其中_____常作为施用钾肥的参考指标。

148.土壤中钾素的形态有_____、_____和_____。

149.钾肥有效施用应遵循的原则是_____、_____、_____、_____。

150.土壤中_____的含量与钾肥肥效有一定相关性,因此,常用它作为施用钾肥的参考指标。

151.影响土壤微量元素有效性的首要因素是_____。

152.复合肥料中有效成分含量一般用_____的相应百分含量来表示。如"18-18-0"表示该种复合肥中氮磷各含_____,不含钾。

153.微量元素肥料的施用方法有_____、_____。

154.最先出现症状的叶基部的失绿区穿孔产生1个或几个孔洞,这是植物缺_____引起的,此症状一般开始出现在＿＿＿＿＿＿＿叶上。

155.复合肥料的优点是＿＿＿＿＿＿＿、＿＿＿＿＿＿＿＿＿、＿＿＿＿＿＿＿、
＿＿＿＿＿＿＿＿＿＿及降低成本,节约开支。

156.微量元素中,植物缺＿＿＿＿症状,叶绿素不能形成,常出现失绿症;缺＿＿＿＿症
状,新叶发黄,叶脉保质绿色,组织易坏死,出现棕色细小斑点。

157.肥料三要素中凡含有两种要素称为＿＿＿＿＿＿＿＿＿＿肥料。

158.复合肥料口袋上标有18－46－0字样,表示该复合肥含＿＿＿＿＿、含＿＿＿＿＿、
不含＿＿＿＿＿。

159.微量元素中,植物缺＿＿＿＿＿＿,叶绿素不能形成,出现失绿症,而油菜缺＿＿＿＿,花
序变短,花蕾失绿枯萎,大量的花而不结角果,叫“花而不实”。

160.复合肥料口袋上标有20－20－15－B2则表示这种复合肥料中含＿＿＿＿＿、含＿＿
＿＿＿、含＿＿＿＿、还含有＿＿＿＿＿。

161.人粪尿中含＿＿＿＿＿＿＿、＿＿＿＿＿＿和蝇蛆等,施用前应进行＿＿＿＿＿＿＿
处理。

162.高温堆肥的第四个阶段是＿＿＿＿＿＿＿＿＿＿阶段,此阶段堆内以嫌气分解为主。

163.秸杆还田应注意配施＿＿＿＿＿＿＿＿＿肥和＿＿＿＿＿＿＿＿。

164.高温堆肥是在＿＿＿＿＿＿＿＿＿下进行的,堆肥材料中的有机质在微生物作用
下进行＿＿＿＿＿＿＿＿＿和＿＿＿＿＿＿＿＿过程。

165.秸杆直接还田的作用有＿＿＿＿＿＿＿、＿＿＿＿＿＿＿、＿＿＿＿＿＿＿、
＿＿＿＿＿＿＿＿。

166.＿＿＿＿＿＿＿＿＿是农村利用各种有机物质,就地取材,就地积制的一种自然
肥料。

167.有机肥料能提供给植物＿＿＿＿＿＿＿,具有＿＿＿＿＿＿＿＿作用,并有提高
＿＿＿＿＿＿＿及＿＿＿＿＿＿有效性的作用,同时还能＿＿＿＿＿＿＿＿。

168.一般堆肥可以分为＿＿＿＿＿＿＿和＿＿＿＿＿＿＿。

169.高温堆肥可分为＿＿＿＿＿＿＿、＿＿＿＿＿＿＿、＿＿＿＿＿＿＿及腐
熟保肥阶段。

170.作物秸杆直接还田,有处于＿＿＿＿＿＿＿＿＿,促进＿＿＿＿＿＿＿＿＿,改善
＿＿＿＿＿＿＿＿＿,固定和保持＿＿＿＿＿＿＿＿＿,增加＿＿＿＿＿＿＿＿＿
并可＿＿＿＿＿＿＿＿＿。

171.有机肥料是＿＿＿＿＿＿＿;有很强的＿＿＿＿＿＿＿;能＿＿＿＿＿＿＿＿;
具有＿＿＿＿＿＿＿和＿＿＿＿＿＿＿。而这些作用是化学肥料所没有的。

172.堆肥腐熟条件有＿＿＿＿＿＿＿、＿＿＿＿＿＿＿、＿＿＿＿＿＿＿、
＿＿＿＿和＿＿＿＿＿＿＿＿＿,其中以＿＿＿＿＿＿＿＿＿的调节最重要。

173.根外追肥有＿＿＿＿＿＿＿、＿＿＿＿＿＿＿两种,其技术关键是和＿＿＿＿＿＿＿。
必须根据植物种类的不同要求而正确施用。

174.施肥是否合理的主要标志是＿＿＿＿＿＿＿＿＿和＿＿＿＿＿＿＿＿。

175.土壤污染是世界的一大公害,它直接影响着＿＿＿＿＿＿＿＿＿＿＿,这一食物
终端,威胁着我们的健康。

176.土壤养分平衡包括＿＿＿＿＿＿和＿＿＿＿＿＿的平衡,以及＿＿＿＿＿＿的平衡。确定的施肥量除能保证养分的平衡与协调外,还应适当加大限制植物产量提高的＿＿＿＿＿＿的数量。

177.“三废”指＿＿＿＿＿＿、＿＿＿＿＿＿、＿＿＿＿＿＿。做好环保工作,防止土壤污染。

178.合理施肥应注意作物的营养特点、作物种类和生长状态、＿＿＿＿＿＿、肥料性质、气候条件和农业技术条件。

179.目前确定为高等植物所必需的营养元素有＿＿＿种,其中＿＿＿＿、＿＿＿＿、被人们称为肥料三要素。

180.大田作物基肥施用方法有＿＿＿＿＿＿、＿＿＿＿＿＿、＿＿＿＿＿＿、＿＿＿＿＿＿。

181.施肥是否合理的主要标志是能否提高＿＿＿＿＿＿和＿＿＿＿＿＿。

182.沉板田改良的措施有:(1)＿＿＿＿＿＿;(2)＿＿＿＿＿＿。

183.植物吸收养分的一般规律是:生长初期吸收养分的数量和强度都＿＿＿＿＿＿,随着生育进程的推移则＿＿＿＿＿＿,到成熟又趋于减少直至＿＿＿＿＿＿吸收。

184.最小养分律的基本要点是:

1)按植物对养分的需要来讲,是＿＿＿＿＿＿;

2)最小养分不是固定不变的,而是＿＿＿＿＿＿;

3)如果不是最小养分的元素,数量增加再多,也不能＿＿＿＿＿＿。

185.按照作物特性,将各种养分进行搭配,分期分批供给作物,满足作物对各种养分的需要,叫＿＿＿＿＿＿。

186.种肥的施用方法主要有＿＿＿＿＿＿、＿＿＿＿＿＿、＿＿＿＿＿＿。

187.一季植物在生长期内从土壤中吸收携出的养分数量称＿＿＿＿＿＿。

189.定施肥量的方法有＿＿＿＿＿＿和＿＿＿＿＿＿。

190.＿＿＿＿＿＿是引起土壤盐渍化的关键。

191.在植物整个生长发育过程中,对养分的吸收利用有两个特别重要的时期,一个是＿＿＿＿＿＿期,另一个是＿＿＿＿＿＿期。

192.在农业生产上,大多数植物要通过＿＿＿＿＿＿、＿＿＿＿＿＿和＿＿＿＿＿＿三个基本的施肥环节才能满足营养需要。

193.利用养分平衡法确定施肥量必须掌握＿＿＿＿＿＿、＿＿＿＿＿＿、和＿＿＿＿＿＿。

194.我国在改良利用盐碱土方面积累了丰富的经验,主要措施有四个方面:

(1)＿＿＿＿＿＿;

(2)＿＿＿＿＿＿;

(3)＿＿＿＿＿＿;

(4)＿＿＿＿＿＿。

195.根外追肥是＿＿＿＿＿＿、＿＿＿＿＿＿、＿＿＿＿＿＿的一种辅助措施。根外追肥的方法有＿＿＿＿＿＿和＿＿＿＿＿＿。

196.肥沃土壤应具有五个特征:＿＿＿＿＿＿、＿＿＿＿＿＿、＿＿＿＿＿＿、＿＿＿＿＿＿。

197.合理施肥的原理有＿＿＿＿＿＿＿＿、＿＿＿＿＿＿＿＿、＿＿＿＿＿＿＿＿、＿＿＿＿＿＿＿＿。

198.＿＿＿＿＿＿＿＿和＿＿＿＿＿＿＿＿是土壤肥力水平和熟化程度的重要标志之一。

199.＿＿＿＿＿＿＿＿是土壤有效水的上限,＿＿＿＿＿＿＿＿是土壤有效水的下限。

200.要加速堆肥的腐熟,重要的是控制＿＿＿＿＿＿＿＿活动。

201.秸秆直接还田,切碎后的长度以＿＿＿cm为宜;翻埋深度一般为＿＿＿cm。

202.肥料的混合原则是:

①肥料混合后,不能使＿＿＿＿＿＿＿＿＿＿＿＿＿＿＿＿＿＿＿。

②肥料混合后,＿＿＿＿＿＿＿＿＿＿＿＿＿＿＿＿＿＿＿＿＿。

③肥料混合后,＿＿＿＿＿＿＿＿＿＿＿＿＿＿＿＿＿＿＿＿＿。

203.土壤中养分向根表迁移一般有三种途径:＿＿＿＿＿＿、＿＿＿＿＿＿、＿＿＿＿＿＿。

204.化学肥料按所含营养元素可分为＿＿＿＿＿＿、＿＿＿＿＿＿、＿＿＿＿＿＿、＿＿＿＿＿＿、＿＿＿＿＿＿。

205.土壤中氮素形态可分为＿＿＿＿＿＿、＿＿＿＿＿＿,其中硝态氮属于＿＿＿＿＿＿。

206.土壤中的氮素转化主要包括＿＿＿＿＿＿、＿＿＿＿＿＿、＿＿＿＿＿＿、＿＿＿＿＿＿等过程。

207.氮肥按氮素形态可分为＿＿＿＿＿＿、＿＿＿＿＿＿。

208.土壤中磷素的固定形式主要有＿＿＿＿＿＿、＿＿＿＿＿＿、＿＿＿＿＿＿、＿＿＿＿＿＿。

209.磷肥按其溶解度不同分为＿＿＿＿＿＿、＿＿＿＿＿＿、＿＿＿＿＿＿。

210.配方施肥的主要理论依据有＿＿＿＿＿＿、＿＿＿＿＿＿、＿＿＿＿＿＿。

211.植物营养临界期多出现在植物生长的＿＿＿＿＿＿阶段。植物营养最大效率期多出现在植物生长的＿＿＿＿＿＿。

212.目前我国三要素肥料的利用率分别为氮肥＿＿＿＿＿＿,磷肥＿＿＿＿＿＿,钾肥＿＿＿＿＿＿。

213.在作物生长所必需的养分、光照、温度、水分、空气等因素中,其中任何一个因素或＿＿＿＿＿＿,以及与其他因素＿＿＿＿＿＿的,这个因素就成为作物增产的限制因子。

214.报酬递减律是指在＿＿＿＿＿＿,投入与产出的关系。其主要内容是:投入到一定土地或土壤上的劳力和投资,所获得的报酬随＿＿＿＿＿＿而逐渐减少。

215.肥料效应的三个阶段中,第一个阶段是从开始至＿＿＿＿＿＿为止。在这一阶段中,其总产量和平均产量随施肥量的增加而＿＿＿＿＿＿;边际产量的最高点是肥料＿＿＿＿＿＿和＿＿＿＿＿＿的转向点,转向点前是＿＿＿＿＿＿,其后是＿＿＿＿＿＿。

216.肥料效应的第二阶段,是从＿＿＿＿＿＿至＿＿＿＿＿＿为止,在这个阶段中,平均产量和边际产量都随施肥量的增加而＿＿＿＿＿＿;但总产量随着施肥量的增加而＿＿＿＿＿＿,直至边际产量为＿＿＿＿＿＿时,总产量达到＿＿＿＿＿＿。

217.肥料效应的第三阶段,是总产量达到最高点以后的阶段。在这一阶段中随着肥料的增加,边际产量出现＿＿＿＿＿＿,总产量＿＿＿＿＿＿,明显出现亏损,属＿＿＿＿＿＿

的施肥阶段。

218.基肥是作物_____或_____,结合_____施用的肥料。其用量一般占总施肥量的_____以上。种肥是作物_____或_____施用的肥料,其用量不能过大。

219.追肥的作用是满足作物各生育期间,特别是_____的养分需要。追肥要以速效肥料为主,其中,以速效氮肥作追肥时,应尽量选用_____氮肥品种,如尿素等。

220.基肥的基本施用方法有_____和_____两种,其中条施、穴施是属于_____。

221.种肥的施肥方法有_____、_____等。

222.在一个小麦氮肥试验中,施肥量和小麦产量如下:

施肥量(kg)	0	2.5	5.0	7.5	10.0
小麦产量(kg/亩)	119.5	156.5	178.5	188.5	192.5

小麦单价为 0.90 元/kg,尿素单价为 0.70 元/kg,则小麦产量为 156.5 kg/亩时的平均增产量为_____kg,边际产值为_____元,边际成本为_____元。

223.肥料利用率是指吸收利用的养分量占所施肥料中养分总量的_____或_____。

224.最小养分不是指土壤中_____最少的养分,而是指按_____的需要量而言,土壤中_____最少的那种养分。

225.报酬递减律是有_____的,它是在假定其他生产要素_____时,递加某一个或一些生产要素时所出现的情况。

226.施肥量与作物产量之间的三种模式关系是_____、_____、_____。

227.作物产量对_____的反应称为肥料效应。

228.肥料与农药混合施用,可以提高_____、_____和_____,且因肥料代替了农药中的填充物,因而可以降低_____。

229.混合肥料的配制,是根据土壤中各种养分的_____、作物对养分_____、肥料的性质,通过计算来确定各种单质肥料的_____。

230.肥料的分配,包括一定数量的肥料,在_____的分配和在_____之间的分配。

231.有机肥料按其来源、特性和积制方法可分为四类:_____、_____、_____、_____。

232.农村中常用的粪尿肥主要包括_____、_____、_____、海鸟粪以及蚕沙等;堆沤肥主要包括_____、沤肥_____及沼气池肥等。

233.有机肥料除含有_____外,主要是含有_____等有机组成分。

234.人粪尿中养分含量以_____较多,且多为_____,故常做_____。

235.人粪尿的贮存关键是_____和_____。实践中常采取的保氮措施主要有_____、_____。

236. 为方便卫生管理,人粪、尿的无害化处理方法有_____、_____、_____等。

237. 厩肥的积制方法有_____、_____、_____三种,其堆积腐熟方法有_____、_____、_____。当厩肥为半腐熟时,其外部特征可归纳为"_____、_____、_____";腐热时的外部特征则为"_____、_____、_____"。

238. 目前,我国各地利用秸秆还田的方法很多,归纳起来主要有_____。

239. 绿肥按种植季节可分为_____、_____和多年生绿肥。按栽培方式可分为_____和_____。

240. 饼肥是一种肥效较高而持久的优质有机肥,生产中一般多_____。

241. 过磷酸钙在土壤中转化过程有_____、_____、_____等,其中最主要的转化过程为_____。

242. 过磷酸钙在施用时,应遵循_____、_____、_____等原则。

243. 为提高过磷酸钙肥料的利用率,常提倡集中施用,其主要方法有_____、_____、_____、_____等。

244. 植物吸收利用的主要是无机磷,其中_____最易,_____次之;此外还能吸收少部分的有机磷。

245. 过磷酸钙主要成分是_____和_____。一般含 P_2O_5,_____%,它是一种化学_____性、生理_____性肥料。过磷酸钙作根外追肥时,应注意_____,以防止堵塞喷头。

246. 今后世界化肥生产发展的方向是;_____、_____、_____、_____、_____。

247. 土壤中氮素形态可分为_____和_____,其中以_____形态为主。

248. 土壤中有机氮须经过_____、_____、和_____三个阶段转化为 NH_4^+ 或 NO_3^- 后才能被植物吸收利用。

249. 土壤中的无机氮在一定条件下经过_____、_____、_____等阶段形成 NH_3、N_2、N_2O、NO 等而损失。

250. 植物吸收氮素的主要形态是_____和_____。

251. 作物缺氮的主要症状为_____、_____、_____。

252. 土壤中的微量元素存在形态多以_____为主,此外还有育有效;影响其有效性的因素有_____、_____、_____、光照、温度等。

253. 当硼供应不足时,油菜出现"_____"、棉花出现"_____"、花生出现"_____"、玉米出现"_____"等症状;并易引起烟草"_____病"、苹果"_____病"、葡萄"_____病"、柑橘"_____病、_____病"、马铃薯"_____病"等生理病害。

254. 作物缺锌严重,常出现水稻"_____"、玉米"_____"、果树"_____"。而当作物缺锰时,易出现小麦、甘蔗的"_____病"、菠菜"_____病"、烟草

"_____ 病";而锰过多则出现棉花"_____ 病"、马铃薯"_____ 病"和苹果树"_____ 病"等中毒病。

255.不同作物对微量元素的反应是不同的,需硼较多的作物有_____、_____、_____、_____、_____等;需锰较多的作物有_____、_____、甘薯、_____、_____等;需铜较多的作物有_____、_____、_____等;需锌较多的作物有_____、_____、_____、_____等;需钼较多的作物有_____、_____等;而缺铁多发生在_____、_____、_____等果树上。因此微量元素肥料应优先施用在这些作物上。

256.一般来说石灰性土壤易缺_____、_____、_____等微量元素,酸性土壤则易缺_____、_____、_____、_____等。微肥既可做_____施入土壤,又可直接作用于植物,如_____、_____、_____等方法。

257.追肥的施肥方法有_____、_____、_____、_____、_____等。其中,条施、穴施要立即_____,稻田追施铵态氮肥后要立即_____,使肥料进入还原层。

258.果树基肥的施肥方法有_____、_____、_____、_____、五种。

259.花卉、蔬菜施用基肥,常用_____,配施一定量的化学肥料。

260.无论_____、_____、_____均可做基肥一次深施,但须为干旱地区,水田_____例外。深施深度以_____左右为宜。

三、是非题

(　　)1.只有农业土壤才具有自然肥力和人为肥力,统称为经济肥力。

(　　)2.为使绿肥高产,施肥应以氮肥为主,适当施用磷、钾肥。

(　　)3.化肥是一种营养元素较为齐全、肥效迟缓的肥料。

(　　)4.在各种土壤条件下,难溶性磷肥利用率很低。

(　　)5.根瘤菌肥的主要施用方法为拌种较为适宜。

(　　)6.碱性农药和酸性农药混合使用可以提高药效。

(　　)7.新鲜厩肥在任何条件下都比腐熟厩肥肥效好。

(　　)8.嫌气性微生物在通气良好的情况下活动旺盛。

(　　)9.石硫合剂是用生石灰和硫酸铜加水熬制而成的。

(　　)10.秸秆直接还田有利于土体中水稳性团粒结构的形成。

(　　)11.把复杂的有机物分解为简单的物质,最后形成 CO_2、水和矿质养分的过程叫腐殖化过程。

(　　)12.土壤交换性钠是土壤产生碱性的主要来源。

(　　)13.黏土的最大有效水范围高于壤土。

(　　)14.腐熟的人粪外观上呈暗绿色、烂浆状。

(　　)15.NH_4HCO_3 多用于根外追肥。

(　　)16.土壤水分是土壤的本质特征。

( )17.腐殖质可以用机械的方法从土壤中分离出来。

( )18.腐熟质优的厩肥既可作基肥,也可作追肥和种肥。

( )19.氯化铵施于水田效果优于硫酸铵。

( )20.吸湿水是指烘干土中所含吸附在土粒表面的水分。

( )21.膜状水可被植物吸收。

( )22.黏土的田间持水量较高,萎蔫系数也高,所以有效水含量也很高。

( )23.膜状水移动速度极慢,每小时仅 0.2~0.4mm,因此,膜状水易为植物吸收利用,是土壤中最有效水分。

( )24.毛管水所受的毛管力比植物根细胞吸水力小得多,易被植物吸收利用,在土壤中能上下左右移动,且有溶解和运输养分的能力,是植物在土壤中的最有效水分。

( )25.重力水能充满土壤孔隙,是土壤的主要贮水形式,易被植物吸收,是土壤中的最有效水分。

( )26.植物最有效的土壤水分是毛管水。

( )27.在农业生产实践中,中耕松土被广泛用于保持土壤水分,减少土壤水分的损失。但中耕松土必须在土面蒸发率不变阶段进行,才能充分发挥作用。

( )28.有机胶体中的高分子有机化合物多带负电荷,吸附阳离子。

( )29.在土壤溶液中能够发生离子相互交换的是在双电层的决定电位离子层。

( )30.细土垫畜栏臭味立即消失,就是因为土壤胶体表面吸附了产生臭味的氨分子。

( )31.影响土壤中微量元素有效性的首要因素是土壤质地。

( )32.腐殖质中的富里酸能将细土粒胶结成团聚体,对培肥土壤有重要作用。

( )33.对水稻土而言,用微团聚体的多少来衡量其肥力高低。

( )34.厩肥为半腐熟时其颜色为黑色,腐熟时则出现白毛。

( )35.褐腐酸的二、三价盐不溶于水,常呈凝胶状态。

( )36.盛夏酷时,采用"日排夜灌"有利于降温,避免水稻早衰。

( )37.富里酸不溶于酸。

( )38.土壤中氧的含量与空气中的相同。

( )39.家畜粪尿中含氮、钾养分最多的是猪粪。

( )40.土粒愈细、土粒比面积愈大,则土壤的通气性、透水性越好。

( )41.家畜粪尿肥中属于热性肥料的有马粪和羊粪,属于冷性肥料的有猪粪。

( )42.胡敏酸的作用在土壤中有促进矿物分解及释放养分的作用。

( )43.由于人粪尿中含有较多 Cl^-,对于忌氯作物不宜过多施用。

( )44.人粪尿由于所含氮素养分易被作物吸收利用,故生产上习惯将其当作速效氮肥施用,称为粗肥中的细肥。

( )45.土壤空气中氧气的含量比二氧化碳高。

( )46.沙质土耕性好,黏质土耕性差。

( )47.单位容积土壤温度增减 1 度所需要吸收或放出的热量,叫容积热容量。

( )48.某一土壤在碱性条件比在酸性条件下阳离子交换量高。

( )49.土壤阳离子交换量高,土壤保肥性能差。

( )50.离子的交换吸附作用指土壤溶液中的离子与土壤胶体决定电解离子层的离子进

行交换的作用。

(　　)51.阴离子交换固定主要发生在酸性土壤上。

(　　)52.尿素易溶于水。

(　　)53.蛋白质在微生物分泌的蛋白酶作用下的水解产物是氨。

(　　)54.碳酸氢铵可做追肥,但不能做种肥,因碳酸氢铵分解时产生的氨气对种子有毒害作用。

(　　)55.植物缺 N 的显著特征是叶自上而下逐渐黄化。

(　　)56.碳铵可以跟草木灰混施。

(　　)57.尿素作种肥最理想。

(　　)58.氯化铵在中性或石灰土壤中,长期施用会引起土壤板结。

(　　)59.报酬递减律原理告诉我们在施肥实践中注意施肥与增产的关系。

(　　)60.基肥的任务是培肥土壤和供给植物生长发育前期所需的养分。

(　　)61.养分归还学说告诉我们"种地必需施肥"的科学道理。

(　　)62.改良盐碱土的中心问题是培肥。

(　　)63.施肥是增产的因素,施肥越高,产量越高,这是不符合报酬递减律的。

(　　)64.肥料利用率是指当季植物从所施肥料中吸收养分的量占肥料中该养分总量的百分数称。

(　　)65.在河北省土壤条件下,难溶性磷肥利用率很低。

(　　)66.碱性农药和酸性农药混合使用可以提高药效。

(　　)67.新鲜厩肥在任何条件下都比腐熟厩肥肥效好。

(　　)68.嫌气性微生物在通气良好的情况下活动旺盛。

(　　)69.由于有机肥料有较大 CEC,并对微量元素有络合作用,因而可提高养分有效性,减少肥料流失。

(　　)70.新鲜的人粪尿为酸性,腐熟后则变为碱性。

(　　)71.施用有机肥料对提高土壤肥力的最显著作用是增加土壤有机质含量。

(　　)72.施用有机肥料由于可以降低土壤容重和非毛管孔隙度,增加土壤总孔隙度和毛管孔隙度,因此可改善土壤通气状况,提高土壤结构性。

(　　)73.由于有机肥料中含有树脂、蜡、脂等有机物质,故能提高土壤田间持水量,减少土壤蒸发。

(　　)74.土壤能够生长绿色植物收获物,是土壤的本质,也是土壤所具有的基本的特征。

(　　)75.土壤肥力是土壤最基本的属性,它是区别地球陆地上其他疏松物质的主要标志。

(　　)76.没有肥力的土地,就不能把它叫做土壤。

(　　)77.化肥是一种营养元素较为齐全、肥效迟缓的肥料 。

(　　)78.存在于矿质土粒中的养分,都能够被植物所直接吸收利用。

(　　)79.土壤有机质能改良土壤质地。

(　　)80.任何土壤,只要多施有机质,其腐殖质的含量都可以得到大幅度的提高。

(　　)81.土壤中大部分微生物都是异养型微生物。

(　　)82.褐腐酸是一种弱酸,又是一种两性胶体。

(　　)83.土壤有机质在好气条件下,分解速度慢,释放出的热量也少。

（　　）84.土壤矿物质的化学组成,几乎包括地球上所有的化学元素,但缺乏作物生长所必需的氮素。

（　　）85.在自然条件相同的地区,土质愈黏,养分含量愈高,而在自然条件不同的地区,就不一定是这种关系。

（　　）86.C/N 比愈大的有机质,愈容易被微生物分解。

（　　）87.凡是影响土壤微生物活性的因素,均会影响土壤有机质的转化。

（　　）88.黄腐酸和褐腐酸对土壤肥力具有同等的作用。

（　　）89.土壤有机质是土壤中氮素(除施入化学氮肥外)的重要来源。

（　　）90.在一般农田中,往往把土壤有机质的含量,作为判断土壤肥力高低的重要指标。

（　　）91.在其他条件相同时,颗粒组成相似的土壤,其肥力特征也大体一致。

（　　）92.土壤胶体吸附的全部阳离子如 Ca^{2+} 、Mg^{2+} 、K^+ 、H^+ 、NH_4^+ 、Al^{3+} 、Fe^{s+} 等统称为盐基离子。

（　　）93.高价阳离子比低价阳离子交换能力强,所以说在任何条件下一价阳离子不能交换出胶体吸附的高价阳离子。

（　　）94.土壤中各种阳离子交换能力的大小顺序是高价离子大于低价离子。

（　　）95.可变电荷是由于土壤胶体表面分子吸附着某种变价离子而产生的电荷。

（　　）96.土壤吸收和保持气态或溶于水的分子状态养分物质的作用称为物理吸收作用。

（　　）97.某一土壤盐基饱和度越大,该土壤的酸度也越大。

（　　）98.肥沃的土壤,不仅要求阳离子交换量大,而且要求盐基饱和度较高。

（　　）99.土壤交换性阳离子的组成是影响土壤物理性和耕性的最主要因素。

（　　）100.土壤交换量的大小,主要取决于土壤胶体数量、胶体种类和酸碱度。

（　　）101.土壤中无机——有机胶体越多,土壤的粘结性越强。

（　　）102.交换性 H^+ 和 Al^{3+} 使土壤呈酸性,而交换性 Na^+ 使土壤呈碱性。

（　　）103.我国南方的红、黄壤呈酸性。

（　　）104.土壤中 N、P、K 等元素的有效性,是随着土壤 pH 值的下降而降低,pH 值的升高而增加。

（　　）105.土壤总孔隙度的多少是与土体中含砂粒的多少成正相关的。

（　　）106.土壤的孔隙度与土壤容重成正比,而与土壤的比重成反比。

（　　）107.土壤黏着农机具的性能称为土壤的黏着性。

（　　）108.土壤的可塑性越大,土壤的宜耕期就越长。

（　　）109.为了提高磷肥利用率,生产上常采取磷肥集中施用,故钙镁磷肥最好采取作基肥条施、穴沟施。

（　　）110.磷矿粉最宜施在萝卜等十字花科作物上。

（　　）111.施用有机肥料是提高土壤有机质含量的唯一途径。

（　　）112.由于有机肥料不仅含有作物必需的大量元素和微量元素,还含有大量有机物质及其降解产物,因此有机肥料是一种完全肥料。

（　　）113.有机肥料在组成上的最主要特征是含有多种多样的有机组成成分,如含氮有机物等。

（　　）114.水稻需水的临界期为抽穗孕穗期。

（　　）115. 土壤空气与大气交换的主要方式是气体扩散。

（　　）116. 土壤热量的主要来源为太阳辐射能。

（　　）117. 土壤三相组成物质中,导热性最小的是空气。

（　　）118. 土壤水移动方向,是由土壤水吸力高处流向低处。

（　　）119. 土壤中毛管越粗,由于孔径大,毛管力就越大。从砂土到壤土,随着土壤质地变细,毛管上升的高度也随之降低。黏土中黏粒易吸水膨胀,孔径太细,土壤对水的吸力很小,毛管作用显示很明显。

（　　）120. 最小养分是对作物的需要来说,土壤中那个相对含量最小的有效养分。

（　　）121. 植物必需营养元素不可代替,其原因是营养元素各自的化学性质不同。

（　　）122. 在肥料效应第一阶段中,总产量随着施肥量的增加而增加。

（　　）123. 在肥料效应的第二阶段中,边际产量随着施肥量的增加而增加。

（　　）124. 在肥料效应的第三阶段中,边际产量随着施肥量的增加而递减,出现负值。

（　　）125. 在完整的肥料效应方程中,边际产量的最高点是肥料效应曲线的转向点。

（　　）126. 作物通过根系吸收养分的主要形态是离子态。

（　　）127. 一种元素的存在,促进作物对另一种元素吸收的有氮和磷、氮和钾、磷和钼。

（　　）128. 一种元素的存在,减少作物对另一种元素吸收的有磷和锌、氮和锌、钾和钙。

（　　）129. 肥料混合有三种情况,其中不能混合的有骨粉、磷矿粉与草木灰。

（　　）130. 在肥料效应分析中,边际成本是个变值。

（　　）131. 肥料效应分析中,最高产量施肥量往往小于其最佳施肥量。

（　　）132. 在作物的氮素营养临界期中,水稻在三叶期和幼穗分化期,小麦在幼穗分化期,棉花在现蕾期。

（　　）133. 由于土壤中氮、磷、钾含量很少,故常称之为“肥料三要素”。

（　　）134. 化学肥料也称无机肥料,其主要原因是由于化肥都是无机物质。

（　　）135. 有机氮的氨化作用须在嫌气条件下进行,而硝化作用则必须在好气条件下进行。

（　　）136. 铵态氮肥施用时要深施覆土。

（　　）137. 氯化铵不宜施用在纤维作物上,而适宜施用在烟草、甜菜上。

（　　）138. 硝酸铵由于是生理中性肥料,故在旱地和水田均较适宜。

（　　）139. 尿素施入土壤后,易使土壤 pH 值升高,故为生理碱性肥料。

（　　）140. 尿素适宜于各种作物和土壤,既可以作基肥和追肥,也适宜作种肥。

（　　）141. 尿素由于是中性有机化合物,且分子量又较小,故适宜作叶面追肥。

（　　）142. 氮肥增效剂之所以能提高氮肥肥效,其主要原因是能抑制硝化细菌活动,阻止硝化作用进行。

（　　）143. 磷的固定主要发生在石灰性土壤上,而酸性土壤上则不易发生。

（　　）144. 作物缺磷时,其叶片常呈暗绿色或紫红色。

（　　）145. 由于过磷酸钙易发生退化作用,故在生产上最好随买随用。

（　　）146. 过磷酸钙与有机肥料混施或与有机肥料混合堆沤后施用均较单独施用有良好效果。

（　　）147. 钙镁磷肥在 pH<6.5 时,土壤上施用效果优于过磷酸钙;而在 pH>6.5 时,土壤上施用效果则低于过磷酸钙。

四、选择题

1. 土壤组成中,容积比最大的是(   )。
   A. 矿物质   B. 有机质   C. 空气   D. 水分

2. 土壤组成中,最活跃的部分是(   )。
   A. 矿物质   B. 矿物质   C. 土壤空气   D. 土壤水分

3. 粒径在 0.05－0.001mm 之间的粒级名称为(   )。
   A. 石砾   B. 沙粒   C. 粉粒   D. 黏粒

4. 对于地块面积小,采样点数少,地势平坦,肥力均匀,适用的采样方法是(   )。
   A. 蛇形采样法   B. 对角线采样法   C. 棋盘式采样法

5. 对于地势平坦,地形整齐,有些肥力差异田块采用的采样方法是(   )。
   A. 棋盘式采样法   B. 对角线采样法   C. 蛇形采样法

6. 在土壤样品的采集中由于分析的目的和土地地块大小不同,采样点也不一样,若面积小于
   10 亩,一般取(   )土样混合。
   A. 3－5 点   B. 5－10 点   C. 10－15 点   D. 15－20 点

7. 地块面积大的土壤样品采集选点常采用(   )。
   A. 蛇形法   B. 棋盘式法   C. 对角线法   D. 随意定点法

8. 土壤样品的制备顺序是(   )。
   A. 风干、过筛、磨细、装瓶贮存   B. 磨细、过筛、风干、装瓶贮存
   C. 风干、磨细、过筛、装瓶贮存   D. 过筛、磨细、风干、装瓶贮存

9. 可用于表示植物生长的适宜含水量的是(   )。
   A. 相对含水量   B. 容积百分数   C. 重量百分数

10. 土壤有效水的下限是(   )。
    A. 田间持水量   B. 萎蔫系数   C. 吸湿系数

11. 一般毛管悬着水达到最大时的土壤含水量称做(   )。
    A. 毛管含水量   B. 田间持水量   C. 相对含水量   D. 饱和含水量

12. 假定纯自由水的水势值为零,在同样条件同样质量土壤水相对能量就必然是(   )。
    A. 大于零   B. 小于零   C. 等于零

13. 风干土壤所含的水分为(   )。
    A. 重力水   B. 吸湿水   C. 毛管水   D. 膜状水

14. 两块都含有水分的土壤相互接触,其水分运动方向是(   )。
    A. 从土壤水势高处向土水势低处低高   B. 从土壤水势低处向土壤水势高处低
    C. 从土壤水吸力大处向土壤水吸力小处   D. 从土壤水吸力小处向土壤水吸力大处

15. 描述土壤水分运动方向错误的是(   )。
    A. 土壤水势高处向土壤水势低处   B. 土壤水势低处向土壤水势高处
    C. 土壤水吸力大处向土壤水吸力小处   D. 土壤含水量低处向土壤含水量高处

16. 可以在土壤中上下左右移动,能全部为植物吸收利用,又具有溶解各种养分的能力,它就
    是(   )。
    A. 吸湿水   B. 膜状水   C. 毛管水   D. 重力水

17. 保肥性能强的顺序为（　　　）。

　　A. 砂土＞壤土＞黏土　　　　　　　　　　　B. 壤土＞＞黏土＞砂土

　　C. 黏土＞壤土＞砂土　　　　　　　　　　　D. 壤土＞砂土＞黏土

18. 旱地土壤的质地，以（　　　）的层次排列形式对生产最有利。

　　A. 上黏下砂　　　　　B. 上砂下黏　　　　　C. 一砂到底　　　　　D. 通体黏重

19. （　　　）对木质素、单宁、树脂等复杂有机质有较强的分解能力。

　　A. 细菌　　　　　　　B. 放线菌　　　　　　C. 真菌　　　　　　　D. 藻菌

20. 农业土壤有机质的主要来源是（　　　）。

　　A. 农作物在土壤中的残存物　　　　　　　B. 存在于土壤中的动物和微生物

　　C. 施入土壤中的各种有机肥粒

21. 当土壤中有机残体的 C/N 比（　　　）时，会发生生物夺氮现象。

　　A. ＞25～30　　　　　B. ＜25～30　　　　　C. ＝25～30

22. 土壤中水少气多时，有机质的转化以（　　　）为主。

　　A. 矿质化作用　　　　B. 腐殖化作用　　　　C. 生成还原物质

23. 俗称"热性土"的是（　　　）。

　　A. 砂质土　　　　　　B. 壤质土　　　　　　C. 黏质土　　　　　　D. 都不是

24. 发老苗不发小苗的土壤质地类型为（　　　）。

　　A. 砂质土　　　　　　B. 壤质土　　　　　　C. 黏质土　　　　　　D. 都不是

25. 土壤中微生物数量很多，每克土中约有（　　　）。

　　A. 几千至几万个　　　B. 几万至几千万个　　C. 几千万至几亿个　　D. 几十亿个

26. 土壤有机质的主体是（　　　）。

　　A. 矿物质　　　　　　B. 施用的有机肥料　　C. 土壤腐殖质　　　　D. 生物残体

27. 田间灌溉的重要参数是（　　　）。

　　A. 最大持水量　　　　B. 田间持水量　　　　C. 萎蔫系数　　　　　D. B 与 C 的差值

28. 土壤保肥性最重要的方式是（　　　）。

　　A. 物理吸收保肥作用　　　　　　　　　　　B. 化学吸收保肥作用

　　C. 生物吸收保肥作用　　　　　　　　　　　D. 离子交换吸收保肥作用

29. 植物能够在土壤中正常生长是因为土壤具有（　　　）。

　　A. 矿物质　　　　　　B. 有机质　　　　　　C. 养分　　　　　　　D. 肥力

30. 下列选项中属于土壤物理吸收性能的是（　　　）。

　　A. 混水通过土壤变清　　　　　　　　　　　B. 海水通过土壤变淡

　　C. 用水垫圈臭味消失　　　　　　　　　　　D. 绿肥培肥土壤

31. 土壤胶体微粒吸附的离子易与土壤溶液的离子进行交换的是（　　　）层。

　　A. 胶核　　　　　　　　　　　　　　　　　B. 决定电位离子层

　　C. 非活性补偿离子层　　　　　　　　　　　D. 扩散层的

32. 土壤胶体中交换量最大的是（　　　）。

　　A. 高岭石　　　　　　B. 蒙脱石　　　　　　C. 针铁矿　　　　　　D. 有机胶体

33. 某土壤的交换量很大，盐基饱和度也很高，从而可判断该土壤的保肥、供肥性能（　　　）。

　　A. 很差　　　　　　　B. 中等　　　　　　　C. 很强　　　　　　　D. 呈酸性

34. 以下三种黏粒矿物中的胀缩性很强的是(　　　)。
　　A. 高岭石类　　　　　B. 伊利石类　　　　　　C. 蒙脱石类

35. 从生产角度来看,对土壤保肥力最有意义的是(　　　)。
　　A. 化学吸收　　　　　B. 交换吸收　　　　　　C. 物理吸收　　　　　D. 机械吸收

36. 对土壤养分有效性影响最大的是(　　　)。
　　A. 化学吸收　　　　　B. 机械吸收　　　　　　C. 交换吸收　　　　　D. 物理吸收

37. 盐基饱和度是指土壤中各种交换性盐基阳离子量占全部阳离子交换总量的(　　　)。
　　A. 百分数　　　　　　B. 摩尔数　　　　　　　C. mg/kg　　　　　　D. 厘摩尔数 E

38. 土壤酸性产生的主要原因是(　　　)。
　　A. 土内缺少盐基离子　B. 土壤中有机质分解　C. 降雨量大　　　　　D. 地形部位

39. 某一土壤油茶、马尾松、映山红等植被生长良好,可以判断该土壤一定是(　　　)。
　　A. 碱性　　　　　　　B. 中性　　　　　　　　C. 酸性　　　　　　　D. 土壤通气性好

40. pH 值是溶液中 H^+ 浓度的(　　　)。
　　A. 对数　　　　　　　B. 正对数　　　　　　　C. 负对数　　　　　　D. 函数

41. 影响土壤中微量元素有效性的土壤条件主要是(　　　)。
　　A. 土壤质地　　　　　B. 土壤 pH 值　　　　　C. 土壤含水量　　　　D. Eh

42. 土壤缓冲性能产生的原因是(　　　)。
　　A. 离子交换作用和两性作用　　　　　　　　　B. 土体盐基离子含量
　　C. 土壤通气不良　　　　　　　　　　　　　　D. 土壤质地

43. 某一土壤的比重是 2.65,容重为 $1.30g/cm^3$,该土壤的孔隙度为(　　　)。
　　A. 49%　　　　　　　B. 51%　　　　　　　　C. 50%　　　　　　　D. 45%

44. 土壤容重在数值上(　　　)。
　　A. 大于比重　　　　　B. 小于比重　　　　　　C. 等于比重

45. 在土壤质地较黏重的耕地旱土中,创造(　　　)结构最为理想。
　　A. 粒状　　　　　　　B. 核状　　　　　　　　C. 团粒　　　　　　　D. 柱状

46. 土壤容重是指自然状态下单位体积土壤的(　　　)。
　　A. 湿土重　　　　　　B. 风干土重　　　　　　C. 烘干土重

47. 疏松的土壤比紧实的土壤(　　　)。
　　A. 容重小　　　　　　B. 容重大　　　　　　　C. 比重小　　　　　　D. 比重大

48. 某土壤的不良结构是(　　　)。
　　A. 块状结构　　　　　B. 团粒结构　　　　　　C. 粒状结构

49. 一般土壤微生物生活的适宜 C/N 比为(　　　)。
　　A. 15∶1　　　　　　B. 25∶1　　　　　　　C. 5∶1

50. 微生物活动所需要的碳氮比约为(　　　)。
　　A. 45∶1　　　　　　B. 1∶45　　　　　　　C. 25∶1　　　　　　D. 1∶25

51. 影响有机质转化的因素有(　　　)。
　　A. 土壤热容量　　　　B. 土壤通气状况　　　　C. 土壤水热状况

52. 胡敏酸的作用是(　　　)。
　　A. 促进矿物质分解　　B. 将细土粒黏胶成团聚体　　　　C. 释放养分

53.北方高产旱作土壤有机质含量一般为（　　　）以上。

　　A.0.5％～1％　　　　　B.1％～1.5％　　　　C.1.5％～2.0％　　　D.5％

54.调节土壤通气状况的方法不正确的是（　　　）。

　　A.烤田　　　　　　　　B.排灌　　　　　　　　C.施化肥

55.旱地土壤要求土壤空气孔隙不低于（　　　）。

　　A.8％　　　　　　　　B.10％　　　　　　　　C.12％　　　　　　　D.14％

56.在土壤胶体微粒构造中能决定土壤胶体吸收交换性能的是（　　　）。

　　A.胶核　　　　　　　　B.非活性离子层　　　　C.扩散层　　　　　　D.决定电位离子层

57.把土壤溶液中的养分离子吸收保存起来,主要发生在土壤胶体的（　　　）。

　　A.决定电位离子层　　　B.非活性离子层　　　　C.扩散层

58.旱土作物在土壤中最有效的水分是（　　　）。

　　A.膜状水　　　　　　　B.毛管水　　　　　　　C.吸湿水　　　　　　D.重力水

59.中耕松土保水的重点应放在（　　　）。

　　A.土面蒸发的扩散阶段　　　　　　　　　　　　B.土面蒸发率不变阶段

　　C.土面蒸发率降低阶段

60.土壤空气与大气交换的主要方式是（　　　）。

　　A.气体扩散　　　　　　B.气体对流　　　　　　C.气体的整体交换　　D.气体的局部交换

61.土壤热量的主要来源是（　　　）。

　　A.地球内部热量传导而来　　　　　　　　　　　B.太阳能辐射

　　C.微生物分解土壤有机质释放的热能

62.土壤三相组成中,导热性最小的是（　　　）。

　　A.空气　　　　　　　　B.土壤水分　　　　　　C.矿物质　　　　　　D.有机质

63.对旱土作物来说,土壤有效水的范围是（　　　）。

　　A.萎蔫系数到田间持水量　　　　　　　　　　　B.最大分子持水量到毛管持水量

　　C.毛管断裂水到田间持水量

64.砂土孔隙大,空气多,水分少,所以它的热容量应是（　　　）。

　　A.小　　　　　　　　　B.大　　　　　　　　　C.适中

65.肥力最好的土壤结构种类是（　　　）。

　　A.团粒结构　　　　　　B.块状结构　　　　　　C.柱状结构

66.土壤宜耕期主要决定于（　　　）。

　　A.土壤质地　　　　　　B.土壤结构　　　　　　C.土壤含水量

67.下列土壤物质导热率最小的是（　　　）。

　　A.水　　　　　　　　　B.矿物质　　　　　　　C.空气

68.直径在0.25～0.001mm的近似球形、疏松多孔的小团叫（　　　）。

　　A.片层状结构　　　　　B.柱状结构　　　　　　C.团粒结构　　　　　D.微团粒结构

69.热容量大的土壤,（　　　）,受热不易升温,失热也不易降温。

　　A.温度高　　　　　　　B.温度低　　　　　　　C.温度不稳定　　　　D.温度稳定

70.团粒结构中大孔隙∶小孔隙适宜比例为（　　　）。

　　A.1∶（2～3）　　　　　B.（2～3）∶1　　　　　C.2∶3

71. 土壤热容量大小主要由土壤(　　)决定。
　　A. 有机质　　　　　　　B. 空气　　　　　　　　C. 水分

72. 直径在 0.25~10mm 的近似球形,疏松多孔的小团叫(　　)。
　　A. 核状结构　　　　　B. 球状结构　　　　　　C. 团粒结构　　　　　D. 微团粒结构

73. 创造良好的土壤结构的措施有(　　)。
　　A. 深耕结合施用有机肥　　　　　　　　B. 合理灌溉,适时排水
　　C. 应用增温保墒剂　　　D. 合理轮作　　　　　E. 合理耕作

74. 下列既能改善黏质土壤耕性,又能促进砂质土壤的团聚力、提高耕作质量的是(　　)。
　　A. 腐殖质　　　　　　B. 水分　　　　　　　　C. 化肥

75. 土壤热容量的大小主要取决于(　　)。
　　A. 土壤孔隙度　　　　B. 土壤含水量　　　　　C. 土壤有机质

76. 土壤中决定导热性的主要是(　　)。
　　A. 土粒　　　　　　　B. 水分　　　　　　　　C. 空气　　　　　　　D. 有机质

77. 高产土壤要求空气孔隙不低于(　　)。
　　A. 8%　　　　　　　B. 10%　　　　　　　　C. 12%　　　　　　　D. 14%

78. 土壤热容量大小主要决定于(　　)。
　　A. 土壤质地　　　　　B. 有机质含量　　　　　C. 土壤结构　　　　　D. 土壤含水量

79. 土壤导热性主要由土壤(　　)。
　　A. 土粒大小决定　　　B. 水分多少决定　　　　C. 空气状况决定　　　D. 有机质多少决定

80. 土壤的宜耕期主要决定于(　　)。
　　A. 土壤质地　　　　　B. 有机质含量　　　　　C. 土壤结构　　　　　D. 土壤含水量

81. 下面灌溉排水方式中能降低土温的是(　　)。
　　A. 早稻秧田"日排夜灌"　　　　　　　　B. 夏季稻田"日灌夜排"
　　C. 低湿涝洼地"排积水"

82. 离子交换吸收作用属(　　)。
　　A. 物理化学吸收　　　B. 物理吸收　　　　　　C. 化学吸收　　　　　D. 生物吸收

83. 土壤中加入酸碱物质后,土壤的 pH 值保持不变的现象称为(　　)。
　　A. 土壤酸性　　　　　B. 土壤保肥性　　　　　C. 土壤缓冲性　　　　D. 土壤碱性

84. 土壤的吸收保肥性最重要的方式是(　　)。
　　A. 机械吸收作用　　　B. 物理吸收作用　　　　C. 化学吸收作用　　　D. 离子交换作用

85. 在土壤吸收性能的类型中由土壤胶体依靠巨大表面能完成的是(　　)。
　　A. 物理吸收作用　　　B. 化学吸收作用　　　　C. 机械吸收作用

86. 改良酸性土壤的措施有(　　)。
　　A. 施用石膏　　　　　B. 施用石灰　　　　　　C. 施用硝酸钠
　　D. 施用氯化钾　　　　　　　　　　　　　　　E. 施用有机肥

87. 属于盐基离子的一组是(　　)。
　　A. H^+,Al^{3+}　　　　　　　　　　　　　B. Ca^{2+},Mg^{2+},K^+,Na^+,NH_4^+
　　C. Fe^{3+},S^{4+}

88. 土壤中性是指 pH 值为（　　　）。
    A. 7 　　　　　　　　B. 6—7 　　　　　　　C. 6.5—7.5 　　　　　　D. 6.5—7

89. 能和土壤溶液中的离子互相交换，从而把土壤溶液中的养分离子吸收保存起来。这种离子是土壤胶体的（　　　）。
    A. 决定电位离子 　　　B. 双电层的内层离子 　C. 非活性离子 　　　　D. 扩散层离子

90. 酸性土壤的潜性酸数量比活性酸数量（　　　）。
    A. 小得多 　　　　　　B. 大得多 　　　　　　C. 差不多 　　　　　　D. 说不定

91. 土壤胶体上吸附的氢离子和铝离子被土壤交换后进入土壤溶液中显示的酸度叫（　　　）。
    A. 活性酸度 　　　　　B. 潜性酸度 　　　　　C. 碱度

92. 对于甘蔗、马铃薯、葡萄、茶树，下面不能施用的肥料是（　　　）。
    A. 氯化铵 　　　　　　B. 硫酸铵 　　　　　　C. 氯化钾

93. 下列化学氮肥中可作种肥的是（　　　）。
    A. 氯化铵 　　　　　　B. 硫酸铵 　　　　　　C. 尿素

94. 用于根外肥的尿素，缩二脲含量应小于（　　　）。
    A. 0.05% 　　　　　　B. 0.5% 　　　　　　　C. 5%

95. 下列属于生理中性肥料的为（　　　）。
    A. 氯化钾 　　　　　　B. 碳酸氢铵 　　　　　C. 硫酸铵

96. 下列属于生理碱性肥料的是（　　　）。
    A. 硫酸铵 　　　　　　B. 硝酸钙 　　　　　　C. 碳酸氢铵

97. 在微生物作用下土壤中的 NH_4^+ 转变成 NO_3^- 的过程称为（　　　）。
    A. 脱氨作用 　　　　　B. 硝化作用 　　　　　C. 反硝化作用 　　　D. 氨的挥发作用

98. 植物缺氮的显著特征是（　　　）。
    A. 植株矮小 　　　　　　　　　　　　　　　　B. 从下部叶子黄化逐渐向上部叶子扩展
    C. 叶片薄而小 　　　　　　　　　　　　　　　D. 倒伏

99. 土壤中氮素损失的途径有（　　　）。
    A. 氨化作用 　　　　　B. 硝化作用 　　　　　C. 反硝化作用
    D. 淋溶 　　　　　　　E. 氨的挥发

100. 属于生理酸性肥料的是（　　　）。
    A. 硫酸铵 　　　　　　B. 硝酸钙 　　　　　　C. 碳酸氢铵

101. 下列肥料不宜做种肥的是（　　　）。
    A. 氯化铵 　　　　　　B. 硫酸铵 　　　　　　C. 硝酸铵

102. 以下说法正确的是（　　　）。
    A. 盐碱土不宜施用氯化铵
    B. 盐碱土宜施用硝酸钠
    C. 铵态氮肥应深施覆土
    D. 土壤质地轻的砂性土壤，施氮肥时应少量多次
    E. 酸性土壤一律不准施用生理酸性肥料

103. 碳酸氢铵可做（　　　）。
    A. 基肥和种肥 　　　　B. 种肥和追肥 　　　　C. 基肥和追肥

104. 在微生物的作用下,氨被氧化为硝酸的过程称(　　　)。
　　A. 水解作用　　　　　B. 氨化作用　　　　　C. 硝化作用　　　　　D. 反硝化作用

105. 我国目前常用的固态氮肥中氮含量最高的化学肥料是(　　　)。
　　A. 硝酸铵　　　　　　B. 硝酸钙　　　　　　C. 碳酸氢铵　　　　　D. $CO(NH_2)_2$

106. 以下化学肥料中不可与草木灰一起施用的是(　　　)。
　　A. 硝酸铵　　　　　　B. 硝酸钙　　　　　　C. 尿素　　　　　　　D. 硝酸钠

107. 尿素能溶于水,其水溶液的反应呈(　　　)。
　　A. 酸性　　　　　　　B. 碱性　　　　　　　C. 中性

108. 下列氮肥不能在水田长期大量施用的是(　　　)。
　　A. 氯化铵　　　　　　B. 硫酸铵　　　　　　C. 尿素

109. 下列氮肥属于酰胺态氮的是(　　　)。
　　A. 硫铵　　　　　　　B. 尿素　　　　　　　C. 碳铵　　　　　　　D. 硝酸铵

110. 化肥碳酸氢铵的含氮量是(　　　)。
　　A. 15%左右　　　　　B. 16%左右　　　　　C. 17%左右　　　　　D. 18%左右

111. 用于根外追肥的尿素,其缩二脲含量应小于(　　　)。
　　A. 0.5%　　　　　　　B. 1.0%　　　　　　　C. 1.5%　　　　　　　D. 2.0%

112. 土壤氮素的有效化过程有(　　　)。
　　A. 水解过程　　　　　B. 氨化过程　　　　　C. 硝化过程
　　D. 反硝化过程　　　　E. 淋溶过程

113. 碳酸氢铵是(　　　)。
　　A. 硝态氮肥　　　　　B. 碱性肥料　　　　　C. 易分解化肥
　　D. 长期施用不影响土壤性质的肥料　　　　E. 铵态氮肥

114. 土壤中氮素损失的途径有(　　　)。
　　A. 氨化作用　　　　　B. 硝化作用　　　　　C. 反硝化作用
　　D. 淋溶　　　　　　　E. 挥发

115. 烟草、马铃薯、葡萄等作物不能施用的化肥是(　　　)。
　　A. 碳酸氢铵　　　　　B. 硝酸铵　　　　　　C. 氯化铵　　　　　　D. 硫酸铵

116. 土壤氮素无效化过程有(　　　)。
　　A. 水解过程　　　　　B. 氨化过程　　　　　C. 硝化过程
　　D. 反硝化过程　　　　E. 氨的挥发过程

117. 尿素是(　　　)。
　　A. 硝态氮肥　　　　　B. 中性肥料　　　　　C. 含氮量最高的固体肥料
　　D. 适宜于作根外追肥的肥料　　　　　　　E. 酰胺态氮肥

118. 下列肥料无需为提高利用率制成颗粒状或球状的是(　　　)。
　　A. 氯化钾　　　　　　B. 碳酸氢铵　　　　　C. 过磷酸钙

119. 以下磷肥可根外施肥的是(　　　)。
　　A. 过磷酸钙　　　　　B. 钙镁磷肥　　　　　C. 磷矿粉　　　　　　D. 骨粉

120. 下列磷肥中,属于弱酸溶性磷肥的是(　　　)。
　　A. 钙镁磷肥　　　　　B. 过磷酸钙　　　　　C. 磷矿粉

121. 以下不属于植物因磷素供应过多而引起的反应的是（　　）。

    A. 叶色暗绿　　　　　B. 成熟期提早　　　　　C. 叶片狭窄

122. 在施用过程中宜用撒施法的化学磷肥是（　　）。

    A. 钙镁磷肥　　　　　B. 磷矿粉　　　　　　　C. 过磷酸钙

123. 可溶性磷酸盐与高价阳离子结合生成难溶性磷的过程叫（　　）。

    A. 化学固定　　　　　B. 离子交换吸收　　　　C. 生物吸收

124. 下列属于水溶性磷肥的是（　　）。

    A. $Ca(H_2PO_4)_2$　　　B. $CaHPO_4$　　　　　C. $Ca_3(PO_4)_2$

125. 下列作物宜优先施用磷肥的是（　　）。

    A. 豆科绿肥　　　　　B. 叶菜类　　　　　　　C. 晚稻

126. 磷素固定较弱的土壤是（　　）。

    A. 有机质含量高的土壤　　B. 酸性土壤　　　　C. 石灰性土壤　　　　D. 碱性土壤

127. 属于水溶性磷肥的是（　　）。

    A. 过磷酸钙　　　　　B. 钙镁磷肥　　　　　　C. 磷矿粉

    D. 重过磷酸钙　　　　E. 骨粉

128. 下列肥料中具有爆炸性的是（　　）。

    A. 硫铵　　　　　　　B. 磷酸二氢钾　　　　　C. 硝铵　　　　　　　D. 氯化铵

129. 钙镁磷肥最适宜施用在（　　）。

    A. 中性土壤中　　　　B. 酸性土壤中　　　　　C. 碱性土壤中　　　　D. 石灰性土壤

130. 相比较而言，磷肥有效性低的土壤是（　　）。

    A. 中性土壤　　　　　B. 酸性土壤　　　　　　C. 石灰性土壤

    D. 有机质含量高的土壤　　　　　　　　　E. 稻田淹水后

131. 在植物整个生长发育过程中，对养分的吸收利用有特别重要的时期是（　　）。

    A. 营养临界期　　　　B. 成长期　　　　　　　C. 营养最大效率期

    D. 成熟期　　　　　　　　　　　　　　　E. 整个生长期

132. 过磷酸钙是（　　）。

    A. 酸性肥料　　　　　B. 弱酸溶性磷肥　　　　C. 水溶性磷肥

    D. 长期施用不影响土壤性质的肥料　　　E. 可以补充硫素营养的肥料

133. 通常被用来作为施用钾肥的参考指标是（　　）。

    A. 速效钾　　　　　　B. 缓效钾　　　　　　　C. 矿物态钾

134. 下面肥料中哪个当季施后，第二、三季残留在土壤中很少（　　）。

    A. 过磷酸钙　　　　　B. 氯化钾　　　　　　　C. 硝酸铵

135. 草木灰特别适宜施用在（　　）土壤上。

    A. 中性　　　　　　　B. 石灰性　　　　　　　C. 酸性　　　　　　　D. 碱性

136. 在马铃薯、柑橘、葡萄上不能施用的化肥是（　　）。

    A. 碳酸氢铵　　　　　B. 过磷酸钙　　　　　　C. 氯化钾　　　　　　D. 硝酸铵

137. 下列对草木灰施用方法描述正确的是（　　）。

    A. 不适宜施用在盐碱土壤上　　　　　　B. 不适宜施用在中性土壤上

    C. 不适宜施用在酸性土壤上　　　　　　D. 适宜与人粪尿混合施用

138. 农业生产上普遍使用的钾肥有( )。
    A. 氯化钾 　　　　B. 硫酸钾 　　　　C. 窑灰 　　　　D. 草木灰
    E. 石灰

139. 以下属于忌氯作物的是( )。
    A. 烟草 　　　　B. 麻类作物 　　　　C. 棉花 　　　　D. 马铃薯
    E. 葡萄

140. 与钾肥肥效有一定相关性的是土壤( )。
    A. 全钾含量 　　　　B. 速效态钾含量 　　　　C. 缓效态钾含量 　　　　D. 矿物态钾含量

141. 作物生长所需的微量元素是( )。
    A. 氯 　　　　B. 镁 　　　　C. 锌

142. 柑橘产生"斑驳叶",是由于缺乏( )。
    A. 锰 　　　　B. 铁 　　　　C. 钼 　　　　D. 锌

143. 作物生长所需的微量元素是( )。
    A. 钾 　　　　B. 铜 　　　　C. 镁

144. 植物出现生长点死亡,叶片畸形,花器官发育不正常,"花而不实"、"穗而不实"等症状是因为缺( )。
    A. 钾 　　　　B. 锌 　　　　C. 铁 　　　　D. 硼

145. 影响土壤中微量元素有效性的首要因素是( )。
    A. 土壤酸碱度 　　　　B. 固定作用 　　　　C. 有机质的结合

146. 使棉花植株矮小"丛生",脉间失绿、老叶卷曲向上成杯状,增厚变脆,也使果树枝条节间缩短呈簇生现象称"小叶病"的是缺( )。
    A. 锌 　　　　B. 硼 　　　　C. 锰 　　　　D. 铜

147. 微量元素中,症状首选出现在生长点和繁殖器官的是缺( )。
    A. 钼 　　　　B. 硼 　　　　C. 铜 　　　　D. 锌

148. 植物出现"花而不实"、"穗而不实"表明缺乏( )。
    A. 铁 　　　　B. 锌 　　　　C. 硼

149. 下列元素属于植物生长发育必需的微量元素是( )。
    A. 硫 　　　　B. 镁 　　　　C. 锌 　　　　D. 钙

150. 属于微量元素肥料的是( )。
    A. 氯化铵 　　　　B. 硼砂 　　　　C. 硫酸锌 　　　　D. 钼酸铵
    E. 硫酸亚铁

151. 使叶片失绿黄化,多出现褐斑、组织坏死、叶小簇生、植株矮小症状的是缺( )。
    A. 铁 　　　　B. 锌 　　　　C. 硼 　　　　D. 钼

152. 属于复合肥料的是( )。
    A. 硝酸钾 　　　　B. 尿素 　　　　C. 碳酸氢铵 　　　　D. 钙镁磷肥

153. 最小养分是指( )。
    A. 土壤中绝对含量最小的有效养分
    B. 对作物需要来说,土壤中那个相对含量最小的有效养分
    C. 土壤中相对含量最小的养分

154. 植物必需营养元素不可代替,其原因是(　　　)。
　　　A. 营养元素各自的化学性质不同　　　　　　B. 营养元素的原子价不统一
　　　C. 养元素各自有特殊生理功能

155. 在肥料效应的第一阶段中,(　　　)随施肥量的增加而增加。
　　　A. 边际产量　　　　　　　　　　　　　　　B. 平均增产量和总产量
　　　C. 边际产值

156. 在肥料效应的第二阶段中,(　　　)随施肥量的增加而增加。
　　　A. 平均增产量　　　　　B. 总产量　　　　　　C. 边际产量

157. 在肥料效应的第三阶段中,(　　　)首先变为负值。
　　　A. 边际产量　　　　　B. 平均增产量和总产量　　　　C. 总产量

158. 在肥料效应的第一阶段中,(　　　)是肥料递增效应和递减效应的转向点。
　　　A. 平均增产量最高点　　　　　　　　　　　B. 边际产量最高点
　　　C. 平均增产量与边际产量的交点

159. 作物通过根系吸收养分的主要形态是(　　　)。
　　　A. CO_2、O_2 和水汽等气态养分　　　　　　B. 尿素、氨基酸糖类等小分子态养分
　　　C. 钙离子、一价磷酸根离子、硝酸根离子等离子态养分

160. 在下列元素之间,一种元素的存在,促进作物对另一种元素吸收的有(　　　)。
　　　A. 氮对磷　　　　　B. 磷对锌　　　　　　C. 氮对锌

161. 在下列元素之间,一种元素的存在,减少作物对另一种元素吸收的有(　　　)。
　　　A. 氮对钾　　　　　B. 钾对锌　　　　　　C. 氮对锌

162. 肥料混合有三种情况,即可以混合的有(　　　),可以暂时混合,但不宜久置的有(　　　),
　　　不能混合的有(　　　)。
　　　A. 过磷酸钙和硝态氮　　　　B. 未腐熟有机肥与硝态氮　　C. 硫酸铵与磷矿粉
　　　D. 硫酸铵与草木灰　　　　　E. 尿素与氯化钾　　　　　　F. 磷矿粉与石灰
　　　G. 未腐熟有机肥与硝酸铵　　H. 磷矿粉与硫酸铵　　　　　I. 过磷酸钙与尿素

163. 钾肥的施用量试验,可以设五个处理,并且各个处理要施(　　　)氮、磷肥作底肥。
　　　A. 不等量　　　　　B. 等量　　　　　　C. 可任意选择施用量

164. 土壤中磷素有效性最高的 pH 值范围为(　　　)。
　　　A. pH 6—8　　　　B. pH 7—8　　　　　C. pH 6.5—7.5　　　D. pH 6.5—8.5

165. 对过酸过碱土壤的化学改良中,酸性土壤通常施用(　　　)。
　　　A. 石膏　　　　　　B. 磷石膏　　　　　　C. 明矾　　　　　　D. 石灰性肥料

166. 俗称"卧土"的土壤结构类型为(　　　)。
　　　A. 核状结构　　　　B. 片状结构　　　　　C. 柱状结构　　　　D. 棱柱状结构

167. 无法用以判定土壤耕性好坏的是(　　　)。
　　　A. 土壤的含水量　　B. 耕作的难易程度　　C. 耕作质量的好坏　　D. 易耕期的长短

168. 下列不属土壤资源特点的是(　　　)。
　　　A. 土壤类型多　　　B. 土壤结构良好　　　C. 山地面积大　　　　D. 人均占有量低

169. 确定施肥量的方法有(　　)。

　　A. 田间调查法　　　　B. 养分丰缺法　　　　C. 资料分析法　　　　D. 养分平衡法

　　E. 快速测定法

170. 在合理施肥中提出施肥一定要因地制宜,有针对性地选择肥料种类,缺什么养分,就施什么养分的是(　　)。

　　A. 养分归还学说　　　B. 最小养分律　　　　C. 报酬递减律　　　　D. 因子综合作用律

171. 属于土壤质地分类范畴的是(　　)。

　　A. 沙壤　　　　　　　B. 容重　　　　　　　C. 团粒结构　　　　　D. 粒级

172. 土壤耕层容重一般为(　　)g/cm^3。

　　A. 0.1　　　　　　　B. 1.2　　　　　　　　C. 2.2　　　　　　　　D. 2.7

173. 属于生理中性肥料的是(　　)。

　　A. 尿素　　　　　　　B. 硫酸铵　　　　　　C. 磷酸氢铵　　　　　D. 硫酸钾

174. 下列不属于复合肥料的是(　　)。

　　A. 磷酸二氢钾　　　　B. 磷酸二铵　　　　　C. 过磷酸钙　　　　　D. 硝酸钾

175. 当季植物从所施肥料中吸收养分的量占肥料中该养分总量的百分数称(　　)。

　　A. 肥料消耗量　　　　B. 肥料施用量　　　　C. 肥料利用率

176. 下列有机肥属于冷性肥料的是(　　)。

　　A. 牛粪　　　　　　　B. 马粪　　　　　　　C. 羊粪　　　　　　　D. 都不是

177. 土壤中最宝贵的水分类型是(　　)。

　　A. 毛管水　　　　　　B. 膜状水　　　　　　C. 吸湿水　　　　　　D. 重力水

178. 下列土壤容重最小的是(　　)。

　　A. 沙性土　　　　　　B. 黏性土　　　　　　C. 壤土　　　　　　　D. 中性土

179. 土层愈深,土壤容重(　　)。

　　A. 愈小　　　　　　　B. 愈大　　　　　　　C. 没有变化

180. 具有选择性和创造性吸收的吸收类型是(　　)。

　　A. 生物吸收性　　　　B. 化学吸收性　　　　C. 物理吸收性　　　　D. 物理化学吸收性

181. 卡庆斯基制中,物理性沙粒和物理性黏粒的界限是(　　)。

　　A. 1mm　　　　　　　B. 0.1mm　　　　　　C. 0.01mm　　　　　　D. 0.001mm

182. 沿植物种植行开沟施肥的方法叫(　　)。

　　A. 条施法　　　　　　B. 穴施法　　　　　　C. 分层施肥法

183. 能调节土壤各种肥力因素的良好土壤结构是(　　)。

　　A. 块状结构　　　　　B. 片状结构　　　　　C. 柱状结构　　　　　D. 团粒结构

184. 下列肥料中属于热性肥料的是(　　)。

　　A. 牛粪、羊粪　　　　B. 马粪、羊粪　　　　C. 牛粪、猪粪　　　　D. 鸡粪、牛粪

185. 土壤养分的形态中被称为速效养分的是(　　)。

　　A. 固定态养分　　　　B. 矿物态养分　　　　C. 水溶态养分　　　　D. 有机态养分

186. 某土壤的 pH 值为 6.8,它属于(　　)。

　　A. 酸性土壤　　　　　B. 强酸性土壤　　　　C. 中性土壤　　　　　D. 碱性土壤

187. 适于在水田施用的肥料是(　　)。

　　A. NH_4Cl　　　　　　B. $(NH_4)_2SO_4$　　　　　　C. NH_4NO_3　　　　D. KNO_3

188. 北方高产旱作土壤有机质含量一般为(　　)。

　　A. 0.5%~1%　　　B. 1%~1.5%　　　　C. 1.5%~2.0%　　D. 5%

189. 下列肥料中属于生理酸性肥料的是(　　)。

　　A. NH_4HCO_3　　　B. NH_4NO_3　　　　C. $(NH_4)_2SO_4$　　D. 尿素

190. 玉米、水稻、果树、林木发生"白苗病"、"小叶病"是由于缺(　　)引起的。

　　A. Mn　　　　　　B. Fe　　　　　　　C. Ca　　　　　　D. Zn

191. 复合肥料的有效成分用(　　)的相应百分数表示

　　A. N—P—K　　　　　　　　　　　B. N—P_2O_5—K_2O

　　C. N—P—K_2O　　　　　　　　　　D. NH_3—P_2O_5—K_2O

192. 石硫合剂的有效成分是(　　)。

　　A. 石灰　　　　　　B. 多硫化钙　　　　C. 硫代硫酸钙　　D. 硫酸铜

193. "不施肥稻像草,多施肥立即倒",这是对(　　)土壤施肥效应的描述。

　　A. 沙质土　　　　　B. 黏质土　　　　　C. 壤质土　　　　D. 重壤土

194. 有无空气均能生活的微生物叫(　　)。

　　A. 好气性微生物　　B. 兼气性微生物　　C. 嫌气性微生物　　D. 适气性微生物

195. 堆肥材料的含水量以占堆肥材料重的(　　)。

　　A. 60%~75%　　　B. 50%　　　　　　C. 75%~90%　　　D. 95%

196. 堆肥腐解初期需要(　　)。

　　A. 良好的通气条件　　B. 嫌气条件　　　C. 兼气条件　　　D. 都可以

197. 尿素施入土壤后存在的状态是(　　)。

　　A. 固相物质　　　　B. 分子态　　　　　C. 离子态　　　　D. 液态

198. 下列肥料不能做种肥的是(　　)。

　　A. 硫酸铵　　　　　B. 过磷酸钙　　　　C. 尿素　　　　　D. 硫酸钾

199. 下列肥料不能做基肥的是(　　)。

　　A. 氯化铵　　　　　B. 碳酸铵　　　　　C. 硝酸铵　　　　D. 氯化钾

200. 缺乏(　　)元素时,先在老叶上出现症状。

　　A. N、P、K、Mg、Zn　　　　　　　　B. N、P、K、Ca、S

　　C. N、S、K、Mg、Ca　　　　　　　　D. B、P、K、Cu、Zn

201. 三元复合肥料组分比例为20—15—16表示每100kg肥料中含(　　)kg。

　　A. N:20,P:15,K:16　　　　　　　B. N:20,P_2O_5:15,K:16

　　C. N:20,P_2O_5:15,KO_2:16　　　　D. N:20,KO_2:15,P_2O_5:16

202. 能调节土壤各种肥力因素的良好土壤结构是(　　)。

　　A. 块状结构　　　　B. 片状结构　　　　C. 柱状结构　　　D. 团粒结构

203. 由茎、叶、老根或胚根上产生的根称为(　　)。

　　A. 主根　　　　　　B. 侧根　　　　　　C. 不定根　　　　D. 定根

204. 对农业生产有指示意义和临界意义的温度称为(　　)。

　　A. 积温　　　　　　B. 活动积温　　　　C. 有效温度　　　D. 界限温度

205. 当土壤水分已达饱和,水分向下运动已基本停止时土壤所保持的水分称为(　　　)。
　　A. 饱和含水量　　　　B. 萎蔫系数　　　　　　　　C. 田间持水量　　　　D. 土壤相对含水量

206. 农业生产中施肥应掌握的原则是(　　　)。
　　A. 以化肥为主　　　　　　　　　　　　　B. 化肥与生物肥配合适用
　　C. 以生物肥为主　　　　　　　　　　　　D. 化肥与有机肥配合施用

207. 一日内土壤表层的最高温度出现在(　　　)。
　　A. 10 时前后　　　　B. 13 时前后　　　　　C. 17 时前后　　　　D. 18 时前后

208. 土壤中对植物生命活动最有效的水是(　　　)。
　　A. 膜状水　　　　　　B. 吸湿水　　　　　　　C. 毛管水　　　　　　D. 重力水

209. 在下列家畜粪尿肥中属于温和肥料的是(　　　)。
　　A. 牛粪　　　　　　　B. 羊粪　　　　　　　　C. 猪粪

210. 速效肥料是(　　　)。
　　A. 厩肥　　　　　　　B. 过磷酸钙　　　　　　C. 绿肥

211. 在堆肥腐熟条件中最重要的是(　　　)。
　　A. 水分　　　　　　　B. 酸碱度　　　　　　　C. 碳氮比调节

212. 人粪尿中含量最多的是(　　　)。
　　A. 氮素　　　　　　　B. 磷素　　　　　　　　C. 钾素　　　　　　　D. 微量元素

213. 人粪尿中加 15% 的氨水的目的是(　　　)。
　　A. 增加氮素　　　　　B. 促进微生物繁殖　　　C. 除臭　　　　　　　D. 杀死血吸虫卵

214. 利用一年生草木樨做绿肥最好的时期是(　　　)。
　　A. 苗期　　　　　　　B. 初花期　　　　　　　C. 结实期　　　　　　D. 任何时期

215. 人粪尿是(　　　)。
　　A. 速效有机肥料　　　　　　　　　　　　B. 以氮素为主的肥料
　　C. 忌氯作物不宜使用的肥料　　　　　　　D. 不宜与草木灰混合施用的肥料
　　E. 适宜各类土壤上施用的肥料

216. 下列肥料可做种肥的是(　　　)。
　　A. 碳酸氢铵　　　　　B. 硝酸铵　　　　　　　C. 草木灰　　　　　　D. 氯化钾

217. 施用人粪尿都适宜的组合有(　　　)。
　　A. 白菜、甜菜　　　　B. 甘薯、生姜　　　　　C. 菠菜、甘蓝

218. 紫云英直接翻压的最好时期是(　　　)。
　　A. 苗期　　　　　　　B. 盛花期　　　　　　　C. 结实期

219. 绿肥最佳翻压时期是(　　　)。
　　A. 苗期　　　　　　　B. 花期　　　　　　　　C. 种子成熟期　　　　D. 枯死期

220. 以腐殖化过程占优势,形成大量腐殖质是出现在高温堆肥的(　　　)。
　　A. 后熟保肥阶段　　　B. 降温阶段　　　　　　C. 高温阶段

221. 不属于肥料三要素的是(　　　)。
　　A. C　　　　　　　　B. N　　　　　　　　　C. P　　　　　　　　D. K

222. 植物吸收养分的形态主要是(　　　)。
　　A. 分子态　　　　　　B. 气态　　　　　　　　C. 固态　　　　　　　D. 离子态

223. 一般植物体内的含钾量约占干物重的(　　)。
　　A. 0.2%～1.1%　　　B. 0.2%～1.0%　　　C. 0.3%～5.0%　　　D. 0.1%～0.5%
224. 植物营养缺素症首先出现在老组织上的是(　　)。
　　A. B　　　　　　　　B. Cu　　　　　　　　C. Mg　　　　　　　　D. S
225. 植物缺硼易出现的症状是(　　)。
　　A. 矮缩病　　　　　　B. 黄斑病　　　　　　C. 花而不实　　　　　D. 顶枯病
226. 下列不属于小麦缺氮对策的是(　　)。
　　A. 苗期亩施碳铵 10～15kg　　　　　　　　B. 中期亩施尿素 2.5～8kg
　　C. 后期亩施尿素 2.5～8kg　　　　　　　　D. 后期以 2%尿素液喷施
227. 尿素不宜做(　　)。
　　A. 基肥　　　　　　　B. 种肥　　　　　　　C. 追肥　　　　　　　D. 根外追肥
228. 氯化铵属于(　　)。
　　A. 生理酸性肥　　　　B. 生理碱性肥　　　　C. 生理中性肥　　　　D. 弱碱性肥料
229. 下列有关生物肥料的叙述不正确的是(　　)。
　　A. 是利用土壤有益微生物制成的肥料　　　　B. 包括细菌肥料和抗生肥料
　　C. 是一种辅助性肥料　　　　　　　　　　　D. 含有植物需要的多种营养元素
230. 下列不属于化学肥料的鉴定方法的是(　　)。
　　A. 水溶性鉴定　　　　B. 酸碱性鉴定　　　　C. 碱面反应　　　　　D. 离子反应
231. 不能混合的是(　　)。
　　A. 过磷酸钙和碳酸氢铵　　　B. 草木灰和尿素　　　　C. 粪尿肥和草木灰
232. 适用于幼年果树的施肥方法是(　　)。
　　A. 放射状沟施肥法　　B. 环状施肥法　　　　C. 全园施肥法
233. 以下肥料不可以混合的是(　　)。
　　A. 磷矿粉　　　　　　　　　　　　　　　　B. 钙镁磷肥、碳酸氢铵
　　C. 尿素、过磷酸钙　　　　　　　　　　　　D. 氯化钾、硝酸铵
234. 以下叙述错误的是(　　)。
　　A. 养分归还学说告诉我们"种地必需施肥"的科学道理
　　B. 报酬递减律说明了并不是施肥越多越增产
　　C. 最小养分是指土壤供给能力最低的那一种
　　D. 要达到植物丰产,必须考虑各种因素的综合作用
235. 不宜用作根外追肥的肥料是(　　)。
　　A. 碳酸氢铵　　　　　B. 过磷酸钙　　　　　C. 硼砂
236. 在植物播种或移栽前所施的肥料称(　　)。
　　A. 底肥　　　　　　　B. 种肥　　　　　　　C. 追肥　　　　　　　D. 根外追肥
237. 在整个植物生长发育过程中,养分吸收特别重要的时期是(　　)。
　　A. 种子萌发期　　　　　　　　　　　　　　B. 营养临界期
　　C. 营养最大效率期　　　　　　　　　　　　D. 成熟期
　　E. 强度营养期

238. 下列属于土壤资源保护利用的措施有( )。
    A. 加强土壤管理,保护好耕地资源   B. 防止水土流失
    C. 积极开发山区   D. 用养结合,提高地力
    E. 加强土地资源建设,提高土地生产力

239. 植物吸收养分的两个关键时期是( )。
    A. 植物营养的临界期   B. 植物种子营养期
    C. 植物营养最大效率期   D. 开花期

240. 下列关于肥料利用率高低的叙述正确的是( )。
    A. 喜肥耐肥植物肥料利用率高
    B. 化肥利用率高于有机肥
    C. 肥地的肥料利用率高于瘠薄地
    D. 有机肥在温暖季节利用率低于寒冷季节

五、简答题

1. 土壤有机质的作用主要表现在哪些方面?

2. 烘干法测量土壤含水量的步骤有哪些?

3. 简述土壤质地类型及特点?

4. 简述砂土类、壤土类和黏土类的农业生产特性。

5. 简述土壤微生物与农业生产的关系。

6. 什么叫土壤蒸发?请写出土面蒸发所必须具备的条件及蒸发过程的三个阶段?

7. 什么叫土壤水分的有效性?土壤有效水最大含量如何求算?

8. 高产要求土壤空气孔隙为多少?可采取哪些主要措施来改善土壤通气性?

9. 土壤胶体的性质有哪些?

10. 土壤空气组成有何特点?

11. 简述影响有机质转化的因素。

12. 土壤蒸发所必须具备的条件有哪些?

13. 如何调节土壤有机质?

14. 简述土壤与大气间的气体交换。

15. 土壤微生物有什么重要作用?

16. 土壤耕性受哪些因素影响?

17. 为什么称砂质土是热性土而黏质土是冷性土?

18. 什么叫土壤耕性?耕性好坏由哪几方面衡量?

19. 什么叫土壤的吸收保肥性?它有哪些类型?

20. 怎样培育良好的土壤结构?

21. 如何调节土壤温度?

22. 简述衡量土壤耕性好坏的标准及影响土壤耕性的因素。

23. 为什么说团粒结构是土壤良好的结构类型?

24. 简述土壤保肥吸收性能的类型。

25. 何谓土壤缓冲性能?有何重要意义?

26. 怎样根据土壤条件合理施用磷肥?
27. 简述合理施用过磷酸钙的措施和方法。
28. 简述过磷酸钙的施用方法。
29. 简述草木灰的合理施用技术及施用中应注意的问题。
30. 详述应如何有效地施用钾肥?
31. 简述影响土壤中微量元素有效性的因素。
32. 简述微肥施用注意事项。
33. 简述堆肥腐熟的技术条件。
34. 简述有机肥料在农业生产中的作用。
35. 发展绿肥生产有什么意义?
36. 人粪尿为何必须经过贮存腐熟后才能使用?
37. 人粪尿在贮存过程中怎样保氮,如何进行无害化处理?
38. 简述秸秆还田的作用。
39. 稻草还田技术上应注意哪几点?
40. 谈谈肥沃土壤的一般特征有哪些。
41. 简述合理施肥的含义。
42. 如何改良红壤类低产土壤?
43. 施肥有哪几个基本环节?
44. 黏板田低产原因及改良措施有哪些?
45. 什么是报酬递减律? 它说明了什么问题?
46. 什么是最小养分律? 在实践中如何运用这一规律?
47. 说明施肥的基本环节,它的主要任务是什么?
48. 合理施肥中,确定施肥量的原则有哪些?
49. 施肥三个基本环节和具体方法有哪些?
50. 合理使用农药的原则有哪些?
51. 提高磷肥肥效的途径有哪些?
52. 改善土壤团粒结构的措施有哪些?
53. 土壤培肥的基本措施有哪些?
54. 光合作用有哪些重要意义?
55. 简述干旱的防御措施。
56. 影响蒸腾作用的环境条件有哪些?
57. 植物必需营养元素的一般生理作用有哪些?
58. 简述土壤质地类型及特点。
59. 简述创造土壤良好结构的措施。
60. 简述复合肥料的优点。
61. 影响光合作用强度的因素有哪些?
62. 简述植物缺铁、缺硼的主要表现。
63. 氮在植物生命活动中有哪些生理作用?
64. 简述铵态氮肥的特点。

65.氮肥的有效施肥方法有哪些？

66.肥料混合的原则有哪些？

67.有机肥料的作用有哪些？

68.什么叫肥料？肥料的作用是什么？

69.土壤与肥料有什么关系？

70.什么是生态系统？珍惜土壤资源对维护农业平衡有何意义？

71.土壤肥料工作在实现农业现代化中的任务是什么？

72.大小不同的土粒,在化学成分上有何差异？它们对土壤养分含量有何影响？

73.石砾、砂粒、粉砂粒和黏粒在性质上有何不同？

74.根据土壤微生物的形态特征,可将其分为几种类型？它对土壤肥力和植物生长有何影响？

75.什么叫土壤有机质？它以什么形态存在于土壤中？其中哪些形态对土壤肥力最为重要？为什么？

76.如果将早稻秸秆全部还田,晚稻秧苗可能发生什么现象？为什么？应采取哪些措施进行补救？

77.为什么土壤质地不同,其肥力差异很大？

78.什么是土壤胶体？在大小范围上它和一般胶体有何不同？

79.根据土壤胶体所带电荷的来源不同,可将其分为哪两类？这两类电荷是如何产生的？

80.试述土壤吸收性能的类型及其与土壤保肥的关系。

81.土壤交换性阳离子组成基本上可分为哪几个类型？

82.土壤中常见阳离子的交换大小顺序如何？交换性阳离子组成对土壤肥力都有哪些主要影响？

83.什么叫阳离子交换量和盐基饱和度？其大小与土壤肥力有何关系？

84.土壤离子交换吸收在土壤肥力上有何意义？为什么增施有机肥是增强土壤保肥供肥性能的重要措施？

85.试述土壤活性酸、潜在性酸的概念、表示方法以及相互关系。

86.土壤酸碱度与土壤肥力及作物生长的关系怎样？

87.土壤酸性产生原因及酸度的类型有哪些？

88.土壤缓冲性能产生的原因及在土壤肥力上的意义是什么？

89.说明土壤比重、容重和孔隙度的概念,影响其大小的因素以及旱地土壤适合作物生长的容重和孔隙的数量指标。

90.什么叫土壤结构？常见的土壤结构有哪几种？它们对土壤肥力状况有何影响？

91.为什么说团粒结构是农业生产比较理想的结构？团粒结构形成的必备条件是什么？创造土壤团粒结构的主要措施有哪些？

92.水稻土的土壤结构有何特点？土壤微团聚体对水稻土的肥力状况有何影响？

93.什么叫土壤的粘结性、黏着性和可塑性？其大小受哪些因素的影响？与土壤耕性有何关系？

94.什么叫土壤宜耕性？它主要受什么因素的影响？在生产中怎样掌握土壤的宜耕期？

95.衡量土壤耕性优劣的标准有哪些？对土壤耕性影响最大的主要物理机械性有哪些？

96.通过对土壤水分四种类型特点的比较,说明为什么土壤毛管水是植物的最有效水分？

97.土壤水的有效性由哪些因素决定？

98."夜潮土"是怎样形成的？

99.土壤通气性对植物生长和土壤肥力有什么影响？怎样调节土壤通气性？

100.影响土壤温度的外界环境因素有哪些？在生产实践中如何提高土壤温度？

101.矿物岩石风化作用的类型有哪些？

102.化学风化包括哪几种作用？

103.风化产物的主要物质组成是什么？

104.什么叫土壤剖面？如何挖掘土壤剖面？

105.土壤的剖面形态特征包括哪些？

106.自然土壤剖面包括哪些层次？

107.耕作土壤剖面包括哪些层次？

108.什么是土壤水平地带性？

109.什么是土壤垂直地带性？

110.中国土壤系统分类的特点是什么？

111.简述我国东部地区的土壤纬度地带性。

112.简述我国北方地区的土壤经度地带性。

113.什么叫合理施肥？为什么说确定最佳施肥量是合理施肥的核心问题？

114.最小养分律包含几层意义？在指导施肥时有何作用？

115.什么叫报酬递减律？如何用它指导施肥？

116.什么叫养分归还学说？如何用它指导施肥？

117.什么叫肥料效应？肥料效应分哪三个阶段？

118.为什么说最高产量施肥量不是最佳施肥量？请列出二者的计算公式。

119.作物根系有哪些特点？它与施肥有何关系？

120.什么叫作物营养期？什么叫作物营养阶段性？

121.在作物营养期中有哪两个极重要的时期？如何利用其指导施肥？

122.试从理论上说明基肥、种肥和追肥在农业生产中配合施用的必要性。

123.根据养分平衡法,估算小麦施肥量有哪些步骤？

124.绿肥在农林生产中的作用表现在哪几个方面？

125.微生物肥料施用的条件是什么？

126.试述植物施肥原理和原则。

127.植物施肥方法有哪些？请阐述优缺点,施肥时期如何确定？

128.什么叫根外追肥？它有哪些特点？

129.氮、磷、钾三种元素在土壤中的的形态以及不同形态对植物的有效性如何？

130.植物所必需的营养元素有哪些？

131.土壤养分的来源有哪些？

132.什么叫营养诊断？

133. 试述土壤当中氮、磷、钾三种营养元素的循环过程。

134. 秸秆直接还田有何作用？其技术要点有哪些？

135. 有机肥料有何特点？它对农业生产有何重要作用？

136. 土壤养分有哪些形态？其有效性如何？

137. 土壤氮素是怎样转化的？

138. 比较铵态氮肥和硝态氮肥的特点和施用上应注意的问题。

139. 碳酸氢铵为什么要深施覆土？硝酸铵为什么不宜稻田施用？稻田施氯化铵的效果为什么优于硫酸铵？

140. 试述水稻田和旱地怎样合理深施碳酸氢铵。

141. 植物对缺氮和氮素过多有何反应？

142. 比较硫酸铵和氯化铵在施用上有何不同？

143. 尿素为什么适宜作根外追肥？为提高根外追肥效果应注意哪些问题？

144. 结合当地实际，谈谈怎样合理施用氮肥？

145. 土壤中的磷素怎样进行转化？

146. 磷素在植物体内有什么作用？

147. 植物缺磷时表现出什么症状？

148. 如何提高过磷酸钙的施用效果？

149. 钙镁磷肥若在石灰性土壤上施用，应怎样提高其肥效？

150. 结合当地情况，谈谈应怎样合理施用磷肥，提高磷肥利用率。

151. 在中性和石灰性土壤上施用氯化钾和硫酸钾时间过长，都易引起土壤板结，原因相同吗？为什么？

152. 说明草木灰的性质和施用要点。草木灰为什么不应与铵态氮肥混合施用？

153. 怎样根据作物特性合理分配和施用钾肥？

154. 目前在钾肥有限条件下，应怎样合理分配和施用钾肥？

155. 硅肥有哪些种类？其性质和施用要点是什么？

156. 试述在我国农业生产条件下施用硅肥的重要性。

157. 石灰肥料有何作用？怎样合理施用？

158. 石膏肥料有何作用？怎样合理施用？

159. 生产中为什么提倡氮、磷、钾肥配合施用？

160. 在堆沤制有机肥料时，为什么常将过磷酸钙与其一起堆沤后再施用？

161. 复混肥料有什么特点？应采取哪些措施提高其肥效？

162. 磁性肥料为什么能同化肥一样有良好增产作用？一般怎样施用？

163. 影响土壤中微量元素的有效性有哪些因素？

164. 试述微量元素的施用技术，应注意哪些问题？

165. 稀土肥料为什么能使作物增产？怎样合理施用稀土肥料？

166. 试述保护地栽培条件下气体毒害的防治技术。

167. 农谚"粪要施进土，一亩顶两亩"的含义是什么？

168. 旱地作物化肥深施有哪些技术要点？

169. 水田作物化肥深施的技术要点是什么？

170. 化肥深施的作业标准要求有哪些?

171. 基肥的施用方式有哪些?

172. 种肥的施用方式有哪些?

173. 追肥方法有哪些?

174. 论述土地退化和土壤退化的不同之处。

175. 论述我国土壤(地)资源的现状与存在问题。

176. 论述土壤(地)退化的后果。

177. 土壤侵蚀的主要类型及其指标有哪些?

178. 影响土壤侵蚀的因素有哪些?

179. 简述土壤侵蚀对生态环境的影响和危害。

180. 土壤侵蚀的防治措施有哪些?

181. 土壤沙化的防治途径有哪些?

182. 盐渍化的危害有哪些?

183. 土壤盐渍化的类型有哪些?

184. 土壤盐渍化的防治措施有哪些?

185. 潜育化和次生潜育化土壤的改良和治理方法是什么?

186. 土壤污染源有哪些?

187. 简述污染土壤的综合治理措施。

188. 选择评价土壤质量参数指标的原则是什么?

189. 土壤质量评价的指标有哪些?

190. 简述到达地面太阳总辐射和光谱成分变化情况。

191. 夜晚晴天和阴天哪个土温更高? 为什么?

192. 什么叫地面有效辐射? 受哪些因子影响? 如何变化?

193. 什么叫地面辐射平衡? 和小气候调节有何关系?

194. 太阳辐射光谱对植物生长发育有何影响?

195. 太阳辐照度对植物有哪些影响?

196. 光周期现象在植物生产中有哪些应用?

197. 如何提高植物光能利用率?

198. 对沙质土壤和黏质土壤春季农事活动哪一种可以提前几天? 为什么?

199. 试述土壤温度、空气温度的变化规律。

200. 调节土壤温度的农业技术措施有哪些?

201. 简述空气温度的日、年变化规律。

202. 为什么清晨喷施农药效果更好?

203. 气温日较差对植物有什么影响?

204. 简述温度调节的主要农业技术措施。

205. 简述相对湿度的日变化规律及原因。

206. 简述黑龙江相对湿度年变化规律及原因。

207. 绝对湿度日变化规律及原因。

208. 简述水汽凝结的条件。

209. 简述土壤水分类型及性质。

210. 说明土壤有效水的范围。

211. 简述土壤含水量的表示方法。

212. 什么叫植物需水临界期？需水临界期基本在植物生长发育什么时期？

213. 分析说明"春旱不算旱，夏旱丢一半"的道理。

214. 简述空气湿度对植物的影响。

215. 简述植物生产中的水环境调控措施。

216. 简述风的成因及变化规律。

217. 简述地方性风的种类、形成、特点。

218. 简述风对植物生产的影响。

219. 土壤的三相组成。

220. 土壤质地与肥力的关系如何？

221. 简述土壤有机质的作用。

222. 什么是团粒结构？团粒结构的肥力特征及创造措施是什么？

223. 简述土壤孔隙类型及性质。

224. 土壤耕性标准如何？

225. 如何通过合理耕作改良土壤耕性？

226. 简述土壤阳离子交换吸收与土壤保肥、供肥的关系。

227. 简述土壤酸碱性的分级。

228. 简述土壤酸碱性对植物生产的影响。

229. 简述根部吸收营养的形态和部位。

230. 哪些植物必需营养元素称为肥料三要素？

231. 土壤养分是靠什么作用到达根表的？

232. 根外营养有哪些特点？为什么说它是根部营养的辅助方式？

233. 简述三种施肥方式及内容。

234. 合理施肥的基本原理如何？

235. 为什么要施用基肥、种肥和追肥？

236. 尿素为什么适合根外追肥？

237. 氮肥按含氮基团分哪几类？主要特点和施用方法如何？

238. 土壤中氮素的转化方式有哪些？氮素的损失主要有哪些途径？

239. 简述土壤中磷素的形态及有效性。

240. 土壤对磷素的固定作用有哪些？

241. 为什么磷肥利用率不高？如何提高磷肥利用率？

242. 常见钾肥的种类及施用时须注意的问题有哪些？

243. 简述土壤中微量元素的形态及有效性。

244. 钙肥有哪些种类？如何合理施用？

245. 简述微肥施用技术及注意问题。

246. 什么是复合肥料？它有什么特点和发展趋势？什么叫BB肥？有什么特点？

247. 复合肥料的表示方法如何？有效成分的表示方法如何？

248. 简述常用复合肥料的种类。

249. 简述复合肥料合理施用的几种措施。

250. 简述人粪尿的施用方法和需注意的问题。

251. 有机肥为什么腐熟后方可施用？

252. 简述有机肥的种类、特点和作用。

253. 堆肥的方法和技术要求如何？

254. 堆肥的目的如何？

255. 什么是配方施肥？

256. 根部吸收营养的形态和部位如何？

257. 哪些植物必需营养元素称为肥料三要素？

258. 简述松土、镇压、垄作的小气候效应。

259. 简述温室、大棚的小气候调节措施。

260. 简述大风的标准、危害及防御措施。

261. 简述土壤酸化和盐渍化的改良措施。

262. 简述设施中 CO_2 的施肥方法。

263. 霜冻分哪些类型？防御措施如何？

264. 冷害分哪些类型？防御措施如何？

265. 简述东北地区的冷害温度指标。

266. 简述干旱的种类、危害及防御措施。

六、计算题

1. 某土壤含水量（重量）为 23％，土壤容重为 1.2g/cm³，土壤总孔隙度为 55％，试计算土壤水分容积含量。

2. 已知某土壤的田间持水量为 24％（重量％），今测得该土壤的实际含水量为 18％（重量％），试计算该土壤相对含水量（％）。

3. 某土层深为 100mm，土壤含水量（重量％）为 20％，容重为 1.2 g/cm³，求其水层厚度。

4. 土壤容重为 1.20 g/cm³，土壤密度为 2.65 g/cm³，则该土壤孔隙度为多少？

5. 某土壤耕层容重为 1.25 g/cm³，土壤比重为 2.65，则该土壤孔隙度为多少？若测得该土壤含水量为 25％，求空气孔隙为多少？

6. 已知某土壤耕层厚度为 25cm，容重为 1.25 g/cm³，测得该土壤有机质含量为 2％，求每亩耕层土壤中含有多少有机质？

7. 某一亩耕地土壤，耕作层为 20cm，其容重为 1.1t/m³，则该土壤的重量、孔隙度、孔隙比各是多少？

8. 已知某块地的田间持水量为 26％，灌水前实测得土壤含水量为 16％（重量％），土壤容重为 1.4 g/cm³，要求灌水的湿润深度为 0.5m，求灌水定额。

9. 某土样鲜重 55.0g，烘干至恒重为 50.0g，计算该土样的含水量。

10. 某作物每公顷需施氮素 92 kg，①若不考虑其他因素的影响，每公顷需施尿素（含氮 46％）多少千克？②若土壤本身每公顷能为作物提供氮素 57 kg，并计划每公顷施用含氮

0.5%、利用率 20% 的有机肥 12000 kg,每公顷还需尿素(含氮 46%、利用率 40%)多少千克?

11. 某菜农计划番茄产量每亩 5000kg,不施钾肥区亩产 900 kg,计划亩施厩肥 3000 kg 作基肥(含钾 0.6%,利用率 20%),问该菜农实现目标产量应施多少 KCl(含 K_2O 50%,利用率 60%)?(注:形成 100 kg 番茄携出 K_2O 0.5 kg)

12. 某农民种大棚番茄要实现 6600kg 的生产计划,应施用多少尿素和磷酸氢二铵?现施用马粪 5000kg。有关参数:马粪 N、P 利用率 20%;化肥利用 N 40%、P 20%;磷酸氢二铵养分含量 N18.0%,P_2O_5 46%。(校正系数 N 0.48,P 0.40,K 0.80)

13. 某地区耕地土壤中有机质的矿化率为 3%,耕层土壤有机质含量为 2%,每亩耕作土壤重 350t,新施入耕地土壤有机质矿化率为 5%,求每年每亩施入土壤中有机物多少,才能维持土壤中原有有机质含量?

14. 设甲土阳离子交换量为 10cmol/kg 土,交换性钙含量为 6cmol/kg 土,乙土的阳离子交换 jg 为 30cmol/kg 土,交换性含量为 15cmol/kg 土,求钙离子的利用率哪种土大?如果把同一作物以同一方法栽培于甲乙两种土里,哪种土更需要石灰质肥料?

15. 经测定,某土壤主要根层土壤内的水分含量为 50mm,其中无效水为 30mm。根据常年观察的结果,这一时期内降水不多,平均每天 0.6mm,作物需水量每天为 1.6mm,若无地下水供给,试估算最迟需要在什么时候灌水?

16. 如在 4 月 18 日对某麦地灌拔节水前,根层土壤含水量为 89.6mm,然后灌水 45mm,则 4 月 26 日再测得同一根层土壤的含水量为 100mm。在这一时期并未降水,灌水后无深层渗漏,深层含水量无变化,求这一时期平均日耗水量?

17. 已知某块田的土壤测试值 N 为 80mg·kg^{-1},P_2O_5 为 20mg·kg、K_2O 为 150mg·kg^{-1},养分校正系数 N 为 0.8,P_2O_5 为 0.5,K_2O 为 0.8;前 3 年的小麦平均产量为 425kg/亩;施用尿素含 N46%、过磷酸钙含 P_2O_5 20%、硫酸钾含 K_2O 50%;施用有机肥 1000kg/亩,含 N 0.88%、利用率 40%、含 P_2O_5 0.72%、利用率为 20%、含 K_2O 1.32%、利用率为 30%;现问该块田要达目标产量需施多少氮、磷、钾化肥?(请用养分平衡法计算)

18. 已知施用 1t 厩肥比不施氮空白区增产 43.3kg,若该地块小麦目标产量为 400kg,则应施尿素(含 N 46%,利用率为 40%)多少 kg?(已知准备施厩肥 2000kg,土壤供氮量为 1.40kg)。

19. 已知某地玉米氮肥效应方程式为:y:286.05+81.57N—4.15N^2,且知该地氮、磷、钾的适宜比例为 N:P_2O_5:K_2O=1:0.5:0.5,现准备施用尿素(含 N 46%、利用率 40%)、过磷酸钙(含 P_2O_5 20%、利用率 20%)、硫酸钾(含 K_2O 50%、利用率 40%),请问各需施多少?

20. 用尿素(N46%)、过磷酸钙(P_2O_5 17%)、硫酸钾(K_2O 50%)配制分析式为 10—10—10 的混合肥料 1000kg,问需单质肥料各多少?

21. 我国北方缺磷的石灰性土壤上种植冬小麦,需配制配合比例为 1:2:1 的混合肥料约 1000kg,需用单质硫酸铵(N20%)、过磷酸钙(P_2O_5 12%)、硫酸钾(K_2O 50%)各多少 kg?其分析式是多少?

22. 某农户小麦丰产田计划产量指标为亩产 400kg,该地块无氮对照区小麦产量为 150kg。现有化肥品种为碳酸氢铵,有机肥料为猪圈肥。试估算实现小麦亩产 400kg 的指标,每亩需施用多少千克有机肥料和化学氮肥?(假设以氮素需要补充施用量的 2/3 用猪圈肥作为基肥,1/3 用碳酸氢铵作追肥用)

本题可能用到的一些数据如下:

1)小麦形成 100kg 经济产量所携出的氮素养分量为 3.00kg。

2)猪圈肥含全氮为 0.5%,利用率 25%。

3)碳酸氢铵主要氮素养分含量为 17%,利用率 35%。

参考文献

[1] 宋志伟,王志伟.植物生长环境[M].北京:中国农业大学出版社,2007

[2] 卓开荣,逯昀.园林植物生长环境[M].北京:化学工业出版社,2010

[3] 李振基,陈小麟,郑海雷.生态学[M].北京:科学出版社,2004

[4] 邹良栋.植物生长与环境[M].北京:高等教育出版社,2010

[5] 胡繁荣.园艺植物生产技术[M].上海:上海交通大学出版社,2007

[6] 陈兴业,冶林茂,张硌.土壤水分植物生理与肥料学[M].北京:海洋出版社,2010

[7] 宋志伟.土壤肥料[M].北京:高等教育出版社,2005

[8] 程胜高.环境生态学主[M].北京:化学工业出版社,2003

[9] 冷平生.园林生态学[M].北京:中国农业出版社,2003

[10] 高志强.农业生态与环境保护[M].北京:中国农业出版社 2001

[11] 金岚.环境生态学[M].北京:高等教育出版社,1992

[12] 阎凌云.植物生产[M].北京:中国农业出版社,2005

[13] 金为民.土壤肥料[M].北京:中国农业出版社,2001

[14] 李振陆.植物生产环境[M].北京:中国农业出版社,2006

[15] 沈其荣.土壤肥料学通论[M].北京:高等教育出版社,2001

[16] 陈忠辉.植物与植物生理[M].北京:中国农业出版社,2001

[17] 陈丹.农业气象[M].北京:高等教育出版社,2009

[18] 王金梅.环境保护概论[M].北京:高等教育出版社,2006

[19] 周凤霞.生态学[M].北京:化学工业出版社,2010

[20] 曲善功,等.大棚土壤盐渍化综合防治技术.农业知识:瓜果菜[J].2009,(4):23－24

[21] 郭文忠,李丁仁.宁夏日光温室土壤次生盐渍化发生原因及治理[J].长江蔬菜,2003,(4):39－40

[22] 鲍士旦.土壤农化分析[M].北京:中国农业出版社,2000

[23] 黄锦法,李艾芬等.保护地土壤障害的农化性状指标[J].浙江农业学报,2000,12(5):285－289

[24] 董艳,董坤等.设施栽培对土壤化学性质及微生物区系的影响[J].云南农业大学学报,2009,24(3):418－424

[25] 许福涛.海门市大棚设施栽培土壤盐分累积特征的研究.土壤[J].2007,39(5):829－831

[26] 余海英,李廷轩,周健民.典型设施栽培土壤盐分变化规律及潜在的环境效应研究[J].土壤学报,2006,43(4):571－576.

[27] 李酉开.土壤农业化学常规分析方法[M].北京:科学出版社,1983

[28] 李合生.植物生理生化实验原理和技术[M].北京:高等教育出版社,2000:7

[29] 孙文涛,肖千明,朱洪国,等.试论氮肥施用对环境的影响[J].杂粮作物,2000,20(1):38－41

[30] 蒋卫杰等.有机生态型无土栽培技术[J].中国农村科技,2002(1):11－12

[31] 关继东.园林植物生长发育与环境[M].北京:科学出版社,2009

[32] 王荫槐.土壤肥料学[M].北京:中国农业出版社,1999

[33] 唐文跃,李晔.园林生态学[M].北京:中国科学技术出版社,2006

[34] 顾卫兵.环境生态学[M].北京:中国环境科学出版社,2007

[35] 孔繁德,冯雨峰,刘传才.生态学基础[M].北京:中国环境科学出版社,2006

[36] 盛连喜,冯江,王娓.环境生态学导论[M].北京:高等教育出版社,2003

[37] 陈卓.农业生态学[M].北京:中国农业出版社,2003

[38] 洪坚平.土壤污染与防治[M].北京:中国农业出版社,2005

[39] 李式军.设施园艺学[M].北京:中国农业出版社,2002